中等职业院校机电类专业规划教材

PLC 应用技能实训教程

纪献平　沈培锋　主编

郑　健　主审

PLC YINGYONG JINENG
SHIXUN JIAOCHENG

U0264035

化学工业出版社

·北京·

本书是国家中等职业教育改革发展示范学校机电类专业系列教材之一，遵循工学结合的教学理念，吸取当前机电类专业教学改革研究和实践的成功经验，并联合多家生产企业及行业组织，结合行业对人才的实际需求编写而成。

本书内容采用项目任务的教学模式，根据任务驱动和案例教学的思路与方法，用七大项目详细介绍了PLC技术及技能实训，包括认识PLC、三菱FX系列PLC的基本控制指令及应用、三菱FX系列PLC的顺序控制、三菱FX系列PLC的功能指令及应用、PLC的模拟量控制、PLC通信控制、常用机械设备的PLC改造等内容，用任务来驱动读者动脑解决实际问题。

本书可用作职业院校、技工学校机电类专业的教材，也适合PLC技术的初学者学习使用。

图书在版编目（CIP）数据

PLC应用技能实训教程/纪献平，沈培锋主编. —北京：
化学工业出版社，2015.6
中等职业院校机电类专业规划教材
ISBN 978-7-122-23710-1

Ⅰ.①P…　Ⅱ.①纪…②沈　Ⅲ.①PLC技术-中等专业
学校-教材　Ⅳ.①TM571.6

中国版本图书馆CIP数据核字（2015）第081229号

责任编辑：李军亮　　　　　　　　　　文字编辑：吴开亮
责任校对：王素芹　　　　　　　　　　装帧设计：史利平

出版发行：化学工业出版社（北京市东城区青年湖南街13号　邮政编码100011）
印　　刷：北京永鑫印刷有限责任公司
装　　订：三河市宇新装订厂
787mm×1092mm　1/16　印张15　字数374千字　2015年7月北京第1版第1次印刷

购书咨询：010-64518888（传真：010-64519686）　　售后服务：010-64518899
网　　址：http://www.cip.com.cn
凡购买本书，如有缺损质量问题，本社销售中心负责调换。

定　　价：46.00元　　　　　　　　　　　　　　　版权所有　违者必究

《中等职业院校机电类专业规划教材》
编委会

主　任　李玉洪　卢立海

副主任　刘桂全　徐光奎　郑世军

成　员　王康元　刘　建　刘继斌　胡顺平　辛　宇

　　　　任成霞　李玉洪　卢立海　刘桂全　徐光奎

　　　　郑世军　王成江　柳俊林　钱风琦　马连华

　　　　刘金梅　闫锡广

《PLC应用技能实训教程》编写人员

主　　编　纪献平　沈培锋

主　　审　郑　健

副主编　刘真真　张晓冬　王　敏　李长军

参编人员　李　磊　周柄旭　玄井绪　吕慎英　张萍萍

　　　　　赵　亮　高相兰　周荣国　闫　昊　夏昌玉

前言

Preface

本书是国家中等职业教育改革发展示范学校机电类专业系列教材之一，主要介绍了三菱 FX 系列 PLC 应用技术。本书编写工作的目标主要体现在以下几个方面。

一、内容全面

本书在编写过程中，结合机电专业相关工作岗位的实际需求，合理确定知识结构，力求内容全面，将常用的基本技能——进行介绍。

二、重点突出

书中每个项目—开始都有明确的学习目标，将重点内容突出，与前面的提问相呼应，做到"有的放矢"，加深读者对知识点的理解和记忆，并配有技能训练，便于读者进行巩固与提高。

三、形式新颖

书中较多地利用图片将知识点直观地展示出来，将抽象的理论知识形象化、生动化，使阅读变得更加轻松。编写中，力求做到语句简洁、通俗易懂。并加入"注意事项""知识拓展"等小栏目，使版面更加灵活，增强了阅读的趣味性。

本书内容起点低、通俗易懂，可用作职业院校及技工学校机电类专业的教材和参考书，也适合 PLC 技术初学者及从事电气技术领域的工作人员学习使用。

本书在编写过程中得到了临沂市电工协会、临沂市电子工业办、山东中瑞电子股份有限公司、山东博胜动力科技股份有限公司等单位和企业专家的大力指导与参与。

由于编写时间仓促，加之编者水平有限，书中难免存在不妥之处，敬请广大读者批评指正，以便今后修订完善。

编 者

目录

Contents

项目一
认识PLC

知识目标

（1）认识三菱FX系列PLC的外形与型号。

（2）认识三菱FX系列PLC的硬件结构。

（3）学会识别与选择FX系列PLC。

能力目标

（1）培养学生查阅资料、自我学习的能力。

（2）培养学生独立思考的能力。

（3）培养学生解决工程问题的能力。

（4）培养学生团队合作能力。

（5）培养学生创新意识与能力。

素质目标

培养学生安全意识、文明生产意识。

基础知识

一、认识三菱FX系列PLC外形结构

如图1-1-1所示三菱FX2N-32MR小型PLC外形结构，大致可以分为四部分：输入接线端、输出接线端、操作面板和状态指示栏。

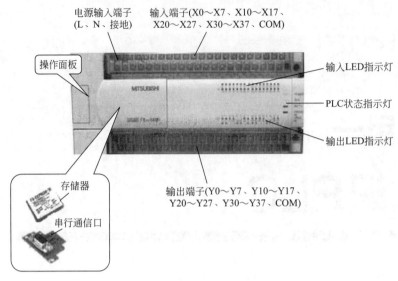

图1-1-1　三菱FX2N-32MR小型PLC外形

1. 型号介绍

FX2N - 32 M R

输出方式（R：继电器输出；T：晶体管输出；S：晶闸管输出）
单元类型（M：基本单元，内含CPU；E：扩展单元，不含CPU）
输入输出总点数（输入点：16个；输出点：16个）
系列名称（FX1、FX1N、FX0、FX0S、FX2、FX2N、FX3U）

2. 输入接线端

输入接线端可分为电源输入端、电源输出端、输入公共端（COM）和输入接线端子（X）三部分，如图1-1-2所示。

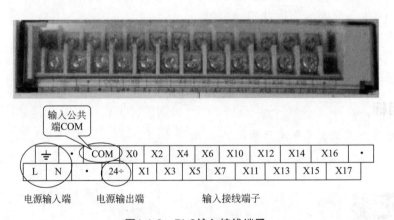

图1-1-2　PLC输入接线端子

（1）电源输入端　接线端子L接电源的相线，N接电源的中线，PE接地。电源电压一般为交流电，单相50Hz，100～240V，为PLC提供工作电压。

（2）电源输出端　为传感器或其他小容量负载供给24V直流电源。

（3）输入接线端子和公共端子　在PLC控制系统中，各种按钮、行程开关和传感器等主令电器直接接到PLC输入接线端子和公共端之间。PLC每个输入接线端子的内部都对应一个输入继电器，形成输入接口电路，如图1-1-3所示。

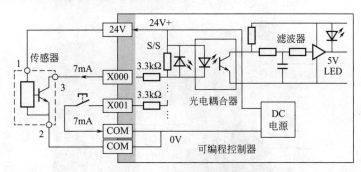

图1-1-3　PLC输入接口电路

3. 输出接线端

PLC输出接线端分为公共端（COM）和输出接线端子（Y），如图1-1-4所示。FX2N-32MR PLC 共有16个输出端子，分别与不同的COM端子组成一组，可以接不同电压等级的负载，如图1-1-4所示。在PLC内部，几个输出COM端之间没有联系。PLC每个输出接线端子的内部都对应一个输出继电器，形成输出接口电路，如图1-1-5所示。

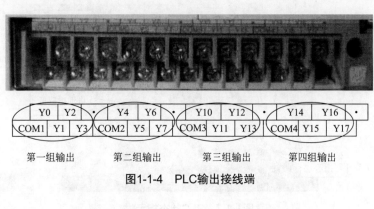

图1-1-4　PLC输出接线端

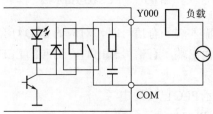

图1-1-5　PLC输出接口电路

4. 操作面板

操作面板包括PLC工作方式选择开关、可调电位器、通信接口、选件连接插口四部分，如图1-1-6所示。

（1）PLC工作方式选择开关　PLC工作方式选择开关有RUN和STOP两挡。

（2）可调电位器　用于调整定时器设定的时间。

（3）通信接口　用于PLC与电脑的连接通信。

（4）选件连接插口　用于连接存储盒、技能扩展板等。

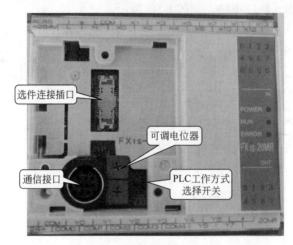

图1-1-6　PLC操作面板

5. 状态指示栏

状态指示栏分为输入状态指示、输出状态指示、运行状态指示三部分，如图1-1-7所示。

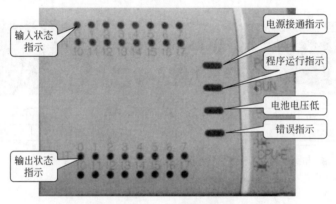

图1-1-7　PLC状态指示栏

（1）输入状态指示　当输入端子有信号时，对应的LED灯亮。

（2）输出状态指示　当输出端子有信号输出时，对应的LED灯亮。

（3）运行状态指示

① POWER LED亮：表示PLC已接通电源。

② RUN　LED亮：表示PLC处于运行状态。

③ BATTV LED亮：表示PLC电池电压低。

④ PROG-E：PLC程序错误时指示灯会闪烁；CPU错误时指示灯亮。

二、PLC的基本结构

从PLC的定义可知，PLC实质上是一种工业控制计算机，有着与通用计算机相类似的结构，PLC也是由硬件和软件两大部分组成的。

1. PLC硬件结构

PLC硬件结构主要由中央处理器（CPU）、存储器、输入/输出单元（I/O接口）、扩展接口、通信接口及电源等组成，如图1-1-8所示。

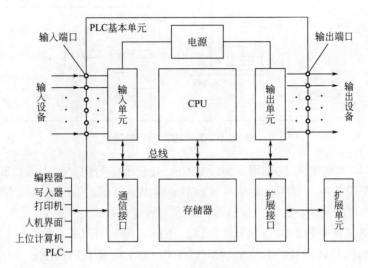

图1-1-8 PLC硬件结构

（1）中央处理器（CPU） CPU是PLC的逻辑运算和控制指挥中心，它通过控制总线、地址总线和数据总线与存储器、输入/输出单元、通信接口等联系。CPU由通用微处理器、单片机或位片式微处理器组成。

（2）存储器 存储器主要用来存放系统程序、用户程序以及工作数据。PLC的存储器ROM（只读存储器）中固化了系统程序，用户不能更改其中的内容。存储器RAM（随机存取存储器）中存放用户程序和工作数据，用户可对用户程序进行修改。为保证掉电时不会丢失RAM存储的信息，一般用锂电池作备用电源供电。

（3）输入/输出单元（I/O接口） 输入/输出单元通常也称为输入/输出接口（I/O接口），是PLC与工业生产现场之间连接的部件。

①输入接口 输入接口的作用是将用户输入设备产生的信号（开关量输入或模拟量输入），经过光电隔离、滤波和电平转换等处理，变成CPU能够接收和处理的信号，并送给输入映像寄存器。

为了防止各种干扰信号和高电压信号进入PLC，输入接口电路一般由光电耦合电路进行电气隔离，由RC滤波器消除输入触点的抖动和外部噪声干扰。

PLC输入接口电路有直流输入、交流输入和交流/直流混合输入三种。输入接口的电源可以由外部提供，也可以由PLC内部提供。

如图1-1-9所示为直流输入接口电路，图中只画出对应于一个点的输入电路，各个输入点所对应的输入电路均相同。其中外接的直流电源极性可以为任意极性。

图1-1-9中，SB为输入元件按钮，当SB闭合时，发光二极管有驱动电流流过而导通发光，光敏三极管接收到光线，由截止变为导通，将高电平经RC滤波、放大整形送入PLC内部电路中，同时点亮LED。当CPU在循环的输入阶段输入该信号时，将该输入点对应的映像寄存器状态置1；当SB断开时，LED熄灭，对应的映像寄存器状态置0。其中，光电耦合

器中的发光二极管是电流驱动元件，要有足够的能量才能驱动。而干扰信号虽然有的电压值很高，但能量较小，不能使发光二极管导通发光，所以不能进入PLC内，实现了电气隔离。

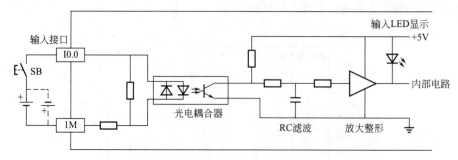

图1-1-9　直流输入接口电路

②输出接口　输出接口的作用是将经过CPU处理的信号通过光电隔离和功率放大等处理，转换成外部设备所需要的驱动信号（数字量输出或模拟量输出），以驱动如接触器、指示灯、报警器、电磁阀、电磁铁、调节阀、调速装置等各种执行机构。

输出接口电路就是PLC的负载驱动回路。为适应控制的需要，输出接口的形式有继电器输出型、大功率晶体管或场效应管（MOSFET）输出型及双向晶闸管输出型三种，如图1-1-10所示。为提高PLC抗干扰能力，每种输出电路都采用了光电或电气隔离技术。

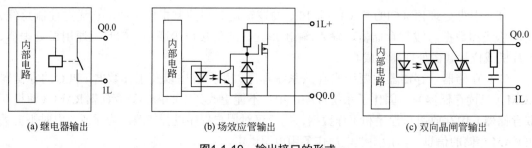

图1-1-10　输出接口的形式

图1-1-10（a）所示继电器输出型为有触点的输出方式，既可驱动直流负载，又可驱动交流负载，驱动负载的能力在2A左右。其优点是适用电压范围比较宽，导通压降小，承受瞬时过电压和过电流的能力强。缺点是动作速度较慢，响应时间长，动作频率低。建议在输出量变化不频繁时优先选用，不能用于高速脉冲的输出。其电路工作原理是：当内部电路的状态为1时，使继电器线圈通电，产生电磁吸力，触点闭合，则负载得电，同时点亮输出指示灯LED（图中负载、输出指示灯LED未画出），表示该路输出点有输出。当内部电路的状态为0时，使继电器K的线圈无电流，触点断开，则负载断电，同时LED熄灭，表示该路输出点无输出。

图1-1-10（b）所示场效应管输出形式，只可驱动直流负载。驱动负载的能力是每一个输出点为750mA。其优点是可靠性强，执行速度快，寿命长。缺点是过载能力差。适用高速（可达20kHz）、小功率直流负载。其电路工作原理是：当内部电路的状态为1时，光电耦合器导通，使晶体管饱和导通，场效应管也饱和导通，则负载得电，同时点亮LED（图中负载、LED未画出），表示该路输出点有输出。当内部电路的状态为0时，光电耦合器断开，晶体管截止，场效应管也截止，则负载失电，LED熄灭，表示该路输出点无输出。图中的稳

压管用来抑制关断过电压和外部的浪涌电压，以保护场效应管。

图1-1-10（c）所示双向晶闸管输出形式，适合驱动交流负载，驱动负载的能力为1A左右。由于双向晶闸管和晶体管同属于半导体材料元件，故优缺点与晶体管输出形式的相似。双向晶闸管输出形式适用高速、大功率交流负载。其电路工作原理是：当内部电路的状态为1时，发光二极管导通发光，双向二极管导通，给双向晶闸管施加了触发信号，无论外接电源极性如何，双向晶闸管均导通，负载得电，同时输出指示灯LED点亮（图中负载、输出指示灯LED未画出），表示该输出点接通；当内部电路的状态为0时，双向晶闸管无触发信号，双向晶闸管关断，此时负载失电，LED熄灭，表示该路输出点无输出。

（4）扩展接口　扩展接口用来扩展PLC的I/O端子数，当用户所需要的I/O端子数超过PLC基本单元（即主机，带CPU）的I/O端子数时，可通过此接口用扁平电缆线将I/O扩展接口（不带有CPU）与PLC基本单元相连接，以增加PLC的I/O端子数，从而适应控制系统的要求。其他很多的智能单元也通过该接口与PLC基本单元相连。

（5）通信接口　通信接口是专用于数据通信的，主要实现"人-机"对话。PLC通过通信接口可与打印机、监视器以及其他的PLC或计算机等设备实现通信。

（6）电源　小型整体式PLC内部有开关式稳压电源，电源一方面为CPU、I/O接口及扩展单元提供DC 5V电源，另一方面可为外部输入元件提供DC 24V电源，而驱动PLC负载的电源由用户提供。

2. PLC软件

PLC软件由系统程序和用户程序组成。

（1）系统程序　系统程序由PLC制造厂商采用汇编语言设计编写，固化于ROM型系统程序存储器中，用于控制PLC本身的运行，用户不能直接读写与更改。系统程序分为系统管理程序、用户指令解释程序、标准程序模块和系统调用程序。

（2）用户程序　用户程序是用户为完成某一控制任务而利用PLC的编程语言编制的程序。由于PLC是专门为工业控制而开发的装置，其主要使用者是广大电气技术人员，为了满足他们的传统习惯和掌握能力，PLC的编程语言采用比计算机语言相对简单、易懂、形象的专用语言。PLC的主要编程语言有梯形图和语句表等。

三、PLC的工作原理

PLC在本质上虽然是一台微型计算机，其工作原理与普通计算机类似，但是PLC的工作方式却与计算机有很大的不同。计算机一般采用等待输入—响应（运算和处理）—输出的工作方式，如果没有输入，就一直处于等待状态。而PLC采用的是周期性循环扫描的工作方式，每一个周期要按部就班做完全相同的工作，与是否有输入或输入是否变化无关。

1. PLC的扫描工作方式

PLC是一种存储程序的控制器。用户根据某一被控制对象的具体控制要求，用编程器编制好控制程序后，将程序输入（或下载）到PLC的用户程序存储器中寄存。PLC的控制功能就是通过运行用户程序来实现的。而PLC从0号存储地址所存放的第一条用户程序开始，在无中断或跳转的情况下，按存储地址号递增的方向顺序逐条执行用户程序，直到END指令结束。然后从头开始执行，并周而复始地重复，直到停机或从运行（RUN）切换到停止（STOP）工作状态。PLC这种执行程序的方式被称为循环扫描工作方式，整个扫描工作过程执行一遍所需的时间称为扫描周期。

2. PLC的扫描工作过程

PLC采用循环扫描工作方式，其扫描工作过程一般包括输入采样、程序执行、通信操作、内部处理、输出刷新五个阶段，如图1-1-11所示。

图1-1-11　PLC的扫描工作过程

（1）输入采样　输入采样又称为读输入。在每次扫描周期开始时，CPU集中采样所有输入端的当前输入值，并将其存入内存中各对应的输入映像寄存器。此时，输入映像寄存器被刷新，那些没有使用的输入映像寄存器位被清零。此后，输入映像寄存器与外界隔离，无论输入信号如何变化，都不会再影响输入映像寄存器，其内容将一直保持到下一扫描周期的输入采样阶段，才会被重新刷新。

（2）执行程序　CPU执行用户程序是从第一条指令开始顺序执行，直到最后一条指令结束（遇到程序中断或跳转除外）。对于梯形图程序是按先左后右、先上后下的语句顺序逐句扫描运算的。

当执行输入指令时，CPU就从输入映像寄存器中读取数据，然后进行相应的运算，运算结果再存入元件映像寄存器中。当执行输出指令时，CPU只是将输出值存放在输出映像寄存器中，并不会真正输出。

（3）通信操作　CPU处理从通信端口接收到的任何信息，完成数据通信任务。即检查是否有计算机、编程器的通信请求，若有则进行相应处理。

（4）内部处理　在此阶段，CPU检查其硬件和所有I/O模块的状态。在RUN模式下，还要检查用户程序存储器。若发现故障，将点亮故障指示灯和判断故障性质。若没有故障，则继续下一步骤。

（5）输出刷新　输出刷新也即写输出阶段。CPU将存放在输出映像寄存器中所有输出继电器的状态（接通/断开）集中输出到输出锁存器中，并送给物理输出点以驱动外部负载，如指示灯、电磁阀、接触器等，这才是PLC真正的实际输出。

整个扫描工作过程中，PLC对用户程序的循环扫描有输入采样、程序执行和输出刷新这三个阶段，如图1-1-12所示，图中的序号表示图中梯形图程序的执行顺序。

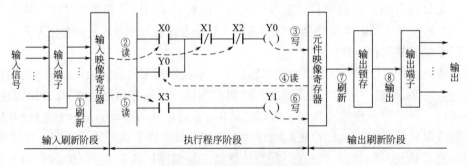

图1-1-12　用户程序扫描阶段

技能实训

一、实训目标

正确识读PLC的型号和外部端子的功能。

二、实训设备与器材

PLC主机FX2N-32MR。

三、实训内容与步骤

1. 识读如图1-1-13所示的PLC的型号含义

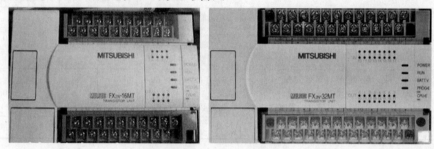

图1-1-13 FX系列PLC

（1）FX2N-16MT型号含义

_____。

（2）FX2N-32MT型号含义

_____。

2. 识读如图1-1-13所示的PLC输入与输出端子的含义

（1）L、N的含义

_____。

（2）COM0、COM1、COM2的含义

_____。

（3）+24V、COM的含义

_____。

3. 识读如图1-1-13所示的状态指示

（1）POWER的含义

_____。

（2）RUN的含义

_____。

（3）BATT的含义

_____。

（4）PROG-Ed的含义

_____。

四、总结与评价

以小组为单位，选择演示文稿、展板、海报、录像等形式中的一种或几种，向全班展示、汇报学习成果，根据表1-1-1进行总结与评价。

表1-1-1 项目评价表

班级：_____ 小组：_____ 姓名：_____		指导教师：_____ 日期：_____				
评价项目	评价标准	评价依据	评价方式			权重	得分小计
			学生自评20%	小组互评30%	教师评价50%		
职业素养	1. 遵守企业规章制度、劳动纪律 2. 按时按质完成工作任务 3. 积极主动承担工作任务，勤学好问 4. 人身安全与设备安全	1. 出勤 2. 工作态度 3. 劳动纪律 4. 团队协作精神				0.6	
创新能力	1. 在任务完成过程中能提出自己的有一定见解的方案 2. 在教学或生产管理上提出建议，具有创新性	1. 方案的可行性及意义 2. 建议的可行性				0.4	
合计							

任务二 认识三菱FX系列PLC软元件

知识目标

（1）认识三菱FX系列PLC的内部软元件。
（2）学会正确使用PLC内部软元件。

能力目标

（1）培养学生查阅资料、自我学习的能力。
（2）培养学生独立思考的能力。
（3）培养学生解决工程问题的能力。
（4）培养学生团队合作能力。
（5）培养学生创新意识与能力。

素质目标

培养学生安全意识、文明生产意识。

基础知识 👆

如图1-2-1中所示的 $\overset{X003}{\dashv\vdash}$、$\overset{Y000}{\dashv\vdash}$、$\overset{M10}{\dashv\!\!\!/\!\!\vdash}$ 等一些符号，这些就是PLC软元件的触点。

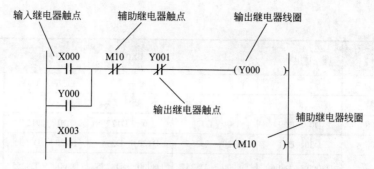

图1-2-1　梯形图的基本结构和部分元件

　　PLC提供给用户使用的每个输入继电器、输出继电器、辅助继电器、计数器、定时器及每个存储单元都称可以为元件。这些元件与在继电控制里所讲的实际的物理元件不同，PLC的编程元件的实质是存储单元的状态。元件接通时，单元状态为"1"；元件断开时，单元状态为"0"。而且这些元件都是用程序（即软件）来指定的，所以又把它们称为"软元件"。

　　不同厂家、不同系列的PLC，其内部软元件的功能和编号都不相同，而元件的多少决定了PLC整个系统的规模及数据处理的能力。三菱FX系列PLC常用的软元件如表1-2-1所示。

表1-2-1　三菱FX系列PLC常用的软元件一览表

元件种类 \ PLC型号		FX0S	FX1S	FX0N	FX1N	FX2N
输入继电器X（按八进制编号）		X0～X17 不可扩展	X0～X17 不可扩展	X0～X43 可扩展	X0～X43 可扩展	X0～X77 可扩展
输出继电器Y（按八进制编号）		Y0～Y15 不可扩展	Y0～Y15 不可扩展	Y0～Y27 可扩展	Y0～Y27 可扩展	Y0～Y77 可扩展
辅助继电器M	普通用	M0～M495	M0～M383	M0～M383	M0～M383	M0～M499
	保持用	M496～M511	M384～M511	M384～M511	M384～M1535	M500～M3071
	特殊用	M8000～M8255（具体见PLC的使用手册）				
状态继电器S	初始状态	S0～S9	S0～S9	S0～S9	S0～S9	S0～S9
	回原点用	—	—	—	—	S10～S19
	普通用	S10～S63	S10～S127	S10～S127	S10～S999	S20～S499
	保持用	—	S0～S127	S0～S127	S0～S999	S500～S899
	报警用	—	—	—	—	S900～S999
定时器T	100ms	T0～T49	T0～T62	T0～T62	T0～T199	T0～T199
	10ms	T24～T49	T32～T62	T32～T62	T200～T245	T200～T245
	1ms	—	—	T63	—	—
	1ms积算		T63		T246～T249	T246～T249
	100ms积算	—	—	—	T250～T255	T250～T255
计数器C	普通-递增	C0～C13	C0～C15	C0～C15	C0～C15	C0～C99
	保持-递增	C14、C15	C16～C31	C16～C31	C16～C199	C100～C199
	普通-可逆	—	—	—	C200～C219	C200～C219

元件种类 / PLC型号		FX0S	FX1S	FX0N	FX1N	FX2N
计数器C	保持-可逆	—	—	—	C220～C234	C220～C234
	高速计数	C235～C255（具体见使用手册）				
数据寄存器D	普通-16位	D0～D29	D0～D127	D0～D127	D0～D127	D0～D199
	保持-16位	D30、D31	D128～D255	D128～D255	D128～D7999	D200～D7999
	特殊-16位	D8000～D8069	D8000～D8255	D8000～D8255	D8000～D8255	D8000～D8255
变址寄存	变址-16位	V	V0～V7	V	V0～V7	V0～V7
		Z	Z0～Z7	Z	Z0～Z7	Z0～Z7
指针N、P、I	嵌套用	N0～N7	N0～N7	N0～N7	N0～N7	N0～N7
	跳转用	P0～P63	P0～P63	P0～P63	P0～P127	P0～P127
	输入中断	100*～130*	100*～150*	100*～130*	100*～150*	100*～150*
	定时中断	—	—	—	—	16**～18**
	计数中断					1010～1060
常数K、H	16位	K：-32 768～32 767		H：000～FFFFH		
	32位	K：-2 147 483 648～2 147 483 647		H：00000000～FFFFFFFF		

注：*表示数值任取。

下面逐一来认识一下FX系列PLC常用的软元件。

1. 输入继电器（X）

输入继电器用于与输入端子相连，主要功能是用来接收PLC外部开关信号。开关信号与输入端子的连接如图1-2-2所示。

元件说明：

（1）输入继电器以八进制方式编号，如X000～X007，X010～X017，……

（2）输入继电器只能由外部信号驱动，不能由程序驱动。所以在程序里只能出现输入继电器的触点，而不能出现输入继电器的线圈。

（3）与普通的电子继电器不同，输入继电器的常开、常闭触点的使用次数不受限制（其他编程软元件的触点的使用次数也同样不受限制）。

（4）要求输入信号（ON、OFF）至少要维持一个扫描周期。

2. 输出继电器（Y）

输出继电器用来将PLC内部信号输出传送给外部负载（用户输出设备）。输出继电器的线圈是由PLC的程序来驱动的，其线圈状态传送给输出单元，再由输出单元对应的硬触点来驱动外部的负载。如图1-2-3所示。

元件说明：

（1）以八进制方式编号，如Y000～Y007，Y010～Y017……

（2）输出继电器只能由PLC程序来驱动。

（3）输出继电器是唯一能驱动外部负载的软元件。

（4）其常开触点和常闭触点均可使用无数次。

3. 辅助继电器（M）

辅助继电器是PLC中数量最多的一种继电器，其作用类似于继电控制里的中间继电器。

辅助继电器通常可分为通用型、断电保持型、特殊用途型三大类。

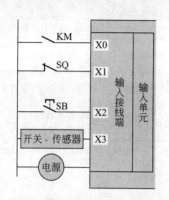

图1-2-2　输入继电器与输入端子的连接

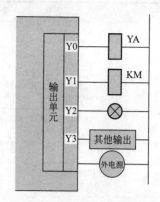

图1-2-3　输出继电器与输出端子的连接

（1）通用型辅助继电器　FX2N系列PLC共有500点通用辅助继电器，在逻辑运算中常用作辅助运算、状态暂存、移位等。通用辅助继电器在PLC电源断开后，其状态将变为OFF。当电源恢复后，除因程序使其变为ON外，否则它仍保持OFF。

当然也可根据程序设定，将M0～M499变为断电保持型的辅助继电器。

（2）断电保持型辅助继电器　FX2N系列PLC共有2572个断电保持辅助继电器。这些继电器具有断电保持功能，能记忆电源中断瞬间的状态，并在恢复供电后继续断电前的状态。

（3）特殊辅助继电器　特殊辅助继电器是具有某项特定功能的辅助继电器。FX2N系列PLC共有256个特殊的辅助继电器，可分为触点型和线圈型两大类。

①触点型：其线圈由PLC自动驱动，用户只能使用其触点。

M8000：运行监控（PLC在运行时一直接通）。

M8002：初始脉冲（仅在开始时接通一个扫描周期）。

M8011、M8012、M8013和M8014分别是10ms、100ms、1s和1min的时钟脉冲的特殊辅助继电器。

②线圈型：由用户程序驱动线圈后PLC可以执行特定的动作。如M8033、M8034、M8039等。

常用的特殊辅助继电器如表1-2-2所示。

表1-2-2　FX2N系列PLC常用的特殊辅助继电器

元件号	名称	功能	元件号	名称	功能
运行监控			时钟脉冲		
M8000	常开触点	当PLC处于RUN时，其线圈一直得电	M8011	10ms周期	接通5ms，断5ms
M8001	常闭触点	当PLC处于STOP时，其线圈一直得电	M8012	100ms周期	接通50ms，断50ms
初始脉冲			M8013	1s周期	接通500ms，断500ms
M8002	常开触点	PLC开始运行的第一个扫描周期其得电	M8014	1min周期	接通30s，断30s
M8003	常闭触点	PLC开始运行的第一个扫描周期其失电			

续表

元件号	名称	功能	元件号	名称	功能
标志脉冲			M8040	禁止状态转移	M8040接通时，禁止状态转移
M8020	零标志	当运算结果为0时，其线圈得电	M8041	状态转移开始	自动方式时从初始状态开始转移
M8021	借位标志	减法运算的结果为负的最大值以下时，其线圈得电	M8045	禁止输出复位	方式切换时，不执行全部输出的复位
M8022	进位标志	加法运算或移位操作的结果发生进位时，其线圈得电	M8046	STL状态置ON	M8047为ON时若S0～S899中任意一处接通，则为ON
PLC模式			M8047	STL状态监控有效	接通后，D8040～D8047有效
M8034	禁止全部输出	当M8034线圈被接通时，则PLC的所有输出自动断开	M8048	报警器接通	M8049接通后S900～S999中任意一处接通，则为ON
M8035	强制运行模式	当M8035或M8036强制为ON时，PLC运行，当M8037强制为ON时，PLC停止运行			
M8036	强制运行信号				
M8037	强制停止信号				

注：其他特殊辅助继电器的功能具体参见PLC使用手册。

元件说明：

①辅助继电器以十进制方式编号。

②辅助继电器只能由程序驱动。

③辅助继电器的用法与输入继电器类似，但是辅助继电器不能直接驱动外部负载，这是辅助继电器与输出继电器的唯一区别。

④其常开触点和常闭触点可使用无数次。

4. 状态继电器（S）

状态继电器主要用于今后编制步进顺序控制程序时作为状态标志使用。可以分为以下四类。

①初始状态：S0～S9共10点。

②回零：S10～S19共10点。

③通用：S20～S499共480点。

④保持：S500～S899共400点。

元件说明：

①不使用步进指令时，状态继电器也可当作辅助继电器来使用。

②部分状态元件还可作为外部故障诊断输出，共有S900～S999共100个点。

5. 定时器（T）

定时器的功能类似于继电控制里的时间继电器，其工作原理可以简单地叙述为：定时器是根据对时钟脉冲（常用的时钟脉冲有100ms、10ms、1ms三种）的累积而定时的，当所计的脉冲个数达到所设定的数值时，其输出触点动作（常开闭合、常闭断开）。设定值K可用常数或数据寄存器D的内容来进行设定。

FX2N系列PLC共有256个定时器，可以分为非积算型和积算型两种。

（1）非积算定时器

①100 ms的定时器200点（T0～T199），设定值为1～32767，所以其定时范围为0.1～3276.7s。

②10ms的定时器共46点（T200～T245），设定值为1～32767，定时范围为0.01～327.67s，非积算定时器的动作过程如图1-2-4所示。

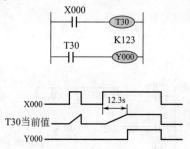

在图1-2-4中可以看到，发生断电或输入X0断开时，定时器T30的线圈和触点均发生复位，再上电之后重新开始计数，所以称其为非积算定时器。

（2）积算定时器　积算定时器具备断电保持功能，在定时过程中如果断电或定时器的线圈断开，积算定时器将保持当前的计数值；再上电或定时器线圈接通后，定时器将继续累积；只有将定时器强制复位后，当前值才能变为0。

图1-2-4　非积算定时器的动作过程示意图

其中1ms的积算定时器共4点（T246～T249），对1ms的脉冲进行累积计数，定时范围为0.001～32.767s。

100ms的定时器共6点（T250～T255），设定值为1～32767，定时范围为0.1～3276.7s。积算定时器的动作过程如图1-2-5所示。

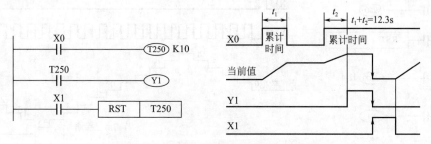

图1-2-5　积算定时器的动作过程示意图

6. 计数器（C）

计数器可以对PLC的内部元件如X、Y、M、T、C等进行计数。工作原理是：当计数器的当前值与设定值相等时，计数器的触点将要动作。

FX2N系列计数器主要分为内部计数器和高速计数器两大类。

内部计数器又可分为16位增计数器和32位双向（增减）计数器。计数器的设定值范围：1～32767（16位）和−214783648～+214783647（32位）。

（1）16位增计数器　16位增计数器包括C0～C199共200点，其中C0～C99共100点为通用型；C100～C199共100个点为断电保持型（断电后能保持当前值，待通电后继续计数）。16位计数器其设定值在K1～K32767范围内有效，设定值K0与K1意义相同，均在第一次计数时，其触点动作。16位增计数器的动作示意图如图1-2-6所示。

在图1-2-6中，X10为计数器C0的复位信号，X11为计数器C0的计数信号。当X11来第10个脉冲时，计数器C0的当前值与设定值相等，所以C0的常开触点动作，Y0得电。如果X10为ON，则执行RST指令，计数器被复位，C0的输出触点被复位，Y0失电。

（2）32位双向计数器　32位双向计数器包括C200～C234共35点，其中C200～C219共20点为通用型；C220～C234共15点为断电保持型。由于它们可以实现双向增减的计数，因此其设定范围为−214783648～+214783647（32位）。

C200～C234是增计数还是减计数，可以分别由特殊的辅助继电器M8200～M8234设定。当对应的特殊的辅助继电器为ON状态时，为减计数；否则为增计数，其使用方法如图1-2-7所示。

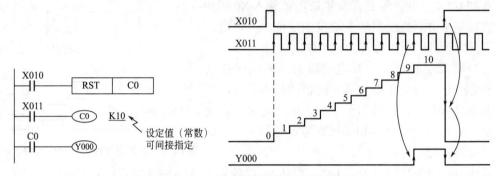

图1-2-6　16位增计数器的动作示意图

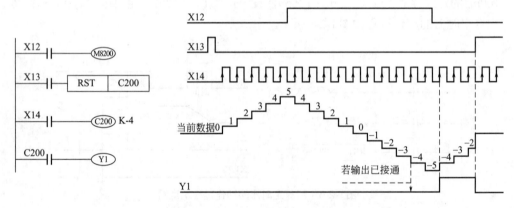

图1-2-7　双向计数器的动作示意图

X12控制M8200：X12=OFF时，M8200 =OFF，计数器C200为加计数；X12=ON时，M8200 =ON，计数器C200为减计数。X13为复位计数器的复位信号，X14为计数输入信号。

图1-2-7中，利用计数器输入X14驱动C200线圈时，可实现增计数或减计数。在计数器的当前值由–5 ～ –4增加时，则输出点Y1接通；若输出点已经接通，则输出点断开。

（3）高速计数器　采用中断方式进行计数，与PLC的扫描周期无关。与内部计数器相比除允许输入频率高之外，应用也更为灵活，高速计数器均有断电保持功能，通过参数设定也可变成非断电保持。

元件说明：

①计数器需要通过RST指令进行复位。

②计数器的设定值可用常数K，也可用数据寄存器D中的参数。

③双向计数器在间接设定参数值时，要用编号紧连在一起的两个数据寄存器。

④高速计数器采用中断方式对特定的输入进行计数，与PLC的扫描周期无关。

7. 数据寄存器（D）

数据寄存器是用来存储PLC进行输入输出处理、模拟量控制、位置量控制时的数据和参数的。数据寄存器可分为通用型、断电保持型和特殊型三种。

①通用数据寄存器包括D0 ～ D199共200点，一旦写入数据，只要不再写入其他数据，

其内容就不会发生变化。

②断电保持数据寄存器包括D200～D7999共7800点，只要不改写，无论PLC是从运行到停止，还是停电状态，断电保持型数据寄存器都将保持原有数据。

③特殊数据寄存器包括D8000～D8255共256个点，主要供监控机内元件的运行方式用。

元件说明：

①数据寄存器按十进制编号。

②数据寄存器为16位，每位都只有"0"或"1"两个数值。其中最高位为符号位，其余为数据位，符号位的功能是指示数据位的正、负；符号位为0表示数据位的数据为正数，符号位为1表示数据为负数，如图1-2-8所示。

一个数据寄存器可以存储16位数据，相邻的两个数据寄存器组合起来，可以存储32位的数据。

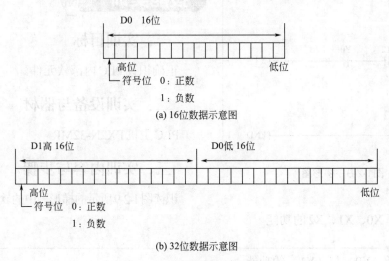

图1-2-8　数据寄存器的数据长度

③通用数据寄存器在PLC由RUN → STOP时，其数据全部清零。如果将特殊继电器M8033置1，则PLC由RUN → STOP时，数据可以保持。

④保持数据寄存器只要不被改写，原有数据就不会丢失，不论电源接通与否，PLC运行与否，都不会改变寄存器的内容。

⑤特殊数据寄存器用来监控PLC的运行状态，如扫描时间、电池电压等。

8. 变址寄存器（V、Z）

变址寄存器和通用的数据寄存器一样，进行数据、数值的读、写，是一种特殊用途的数据寄存器，相当于微机中的变址寄存器，用于改变元件的编号（变址）。

元件说明：

变址寄存器都是16位寄存器，需要进行32位操作时，可将V、Z串联使用，Z为低位，V为高位（具体使用方法将在功能指令部分介绍）。

9. 常数（K、H）

常数（K、H）通常用来表示定时器或计数器的设定值和当前值。

元件说明：

十进制常数用K表示，如常数123表示为K123。十六进制常数则用H表示，如常数345

用十六进制可以表示为H159。

10. 指针（P、I）

指针是用来指示分支指令的跳转目标和中断程序的入口标号。指针可以分为分支指针、输入中断指针、定时中断指针、计数中断指针等几类（具体使用方法将在功能指令部分介绍）。

元件说明：

①分支指针用来指示跳转指令（CJ）的跳转目标或子程序调用指令（CALL）调用子程序的入口地址。

②中断指针：作为中断程序的入口地址标号。

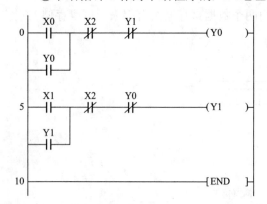

图1-2-9　梯形图

技能实训

一、实训目标

正确识读PLC内部软元件。

二、实训设备与器材

PLC主机FX2N-32MR。

三、实训内容与步骤

识读图1-2-9所示的梯形图中的软元件的功能。

（1）解释X0、X1、X2的功能

_____。

（2）解释（Y0）与（Y1）的功能

_____。

四、总结与评价

以小组为单位，选择演示文稿、展板、海报、录像等形式中的一种或几种，向全班展示、汇报学习成果，根据表1-2-3进行总结与评价。

表1-2-3　项目评价表

班级：_____ 小组：_____ 姓名：_____			指导教师：_____ 日期：_____			
评价项目	评价标准	评价依据	评价方式			权重	得分小计
			学生自评20%	小组互评30%	教师评价50%		
职业素养	1. 遵守企业规章制度、劳动纪律 2. 按时按质完成工作任务 3. 积极主动承担工作任务，勤学好问 4. 人身安全与设备安全	1. 出勤 2. 工作态度 3. 劳动纪律 4. 团队协作精神				0.6	

续表

评价项目	评价标准	评价依据	评价方式			权重	得分小计
			学生自评20%	小组互评30%	教师评价50%		
创新能力	1. 在任务完成过程中能提出自己的有一定见解的方案 2. 在教学或生产管理上提出建议，具有创新性	1. 方案的可行性及意义 2. 建议的可行性				0.4	
合计							

任务三　PLC常用外部设备与接线

知识目标

（1）认识常用的电气元件。
（2）学会选择与PLC连接的外部电气元件。
（3）学会PLC端子接线。

能力目标

（1）培养学生查阅资料、自我学习的能力。
（2）培养学生独立思考的能力。
（3）培养学生解决工程问题的能力。
（4）培养学生团队合作能力。
（5）培养学生创新意识与能力。

素质目标

培养学生安全意识、文明生产意识。

基础知识

一、PLC常用输入设备及其接线

PLC输入端用来接收和采集用户输入设备产生的信号，这些输入设备主要有两种类型，一类是按钮、转换开关、行程开关、接近开关、光电开关、数字拨码开关与继电器触点等开关量输入设备；另一类是电位器、编码器和各种变送器等模拟量输入设备。正确地理解和连接输入和输出电路，是保证PLC安全可靠工作的前提。

1. 按钮、转换开关

利用按钮推动传动机构，使动触点与静触点接通或断开，并实现电路换接，如图1-3-1

所示是一些结构简单、应用十分广泛的按钮和转换开关。在电气自动控制电路中，主要用于手动发出控制信号，给PLC输入端子输送输入信号。如果把按钮接在PLC输入端子X2和COM之间，转换开关接在PLC输入端子X0和COM之间，其接线图如图1-3-2所示。

图1-3-1　按钮、转换开关实物图

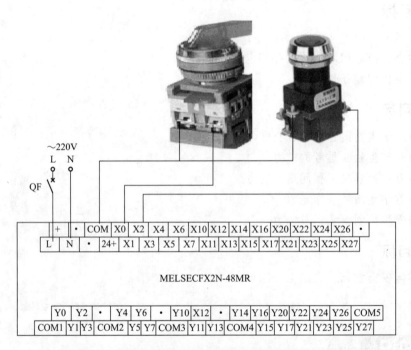

图1-3-2　按钮、转换开关与PLC输入端子的接线示意图

2. 行程开关、接近开关、光电开关

行程开关、接近开关、光电开关等实物图如图1-3-3所示。

（1）行程开关　行程开关是利用生产机械运动部件的碰压，使其触头动作，从而将机械信号转变为电信号，使运动机械按一定的位置或行程实现自动停止、反向运动、变速运动或自动往返运动。行程开关与PLC输入端子的接线如图1-3-4所示。

（2）接近开关　接近开关可以在不与目标物实际接触的情况下检测靠近开关的金属目标物。根据操作原理，接近开关大致可以分为电磁感应的高频振荡型、磁力型和电容变化的电容型三大类。

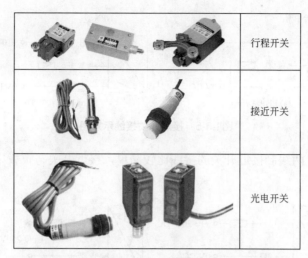

	行程开关
	接近开关
	光电开关

图1-3-3 行程开关、接近开关与光电开关实物图

接近开关有两线制和三线制之区别，其接线也就有两线制和三线制接线两种。

①三线制接线 三线制信号输出有PNP（输出高电平约24V）和NPN（输出低电平0V）两种形式，其接线也分PNP和NPN形式。

a. PNP常开型接线。PNP接通时为高电平输出，即接通时黑线输出高电平（通常为24V），如图1-3-5（a）所示中PNP型三线开关原理图，接近开关引出的三根线，棕线接电源正极，蓝线接电源负极，黑色为控制信号线。此为常开开关，当开关动作时黑线和棕线接通，此时负载两端加上直流电压而获电动作。

b. NPN常开型接线。NPN接通时是低电平输出，即接通时黑色线输出低电平（通常为0V），如图1-3-5（b）所示中NPN型接近开关原理图，此为常开开关，当开关动作时黑色和蓝色两线接通，此时负载两端加上直流电压而获电动作。

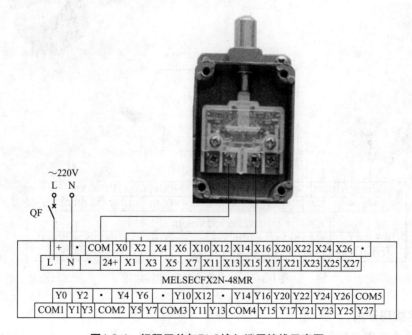

图1-3-4 行程开关与PLC输入端子接线示意图

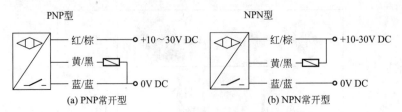

图1-3-5　接近开关接线示意图

②两线制接线　两线制接近开关的接线比较简单,接近开关与负载串联后接到电源,如图1-3-6所示。

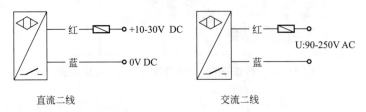

图1-3-6　两线制接线示意图

（3）光电开关　光电开关是利用被检测物体对红外光束的遮光或反射,由同步回路选通而检测物体的有无,其物体不限于金属,对所有能反射光线的物体均可检测。光电开关与PLC接线和接近开关与PLC接线相同,如图1-3-7所示是三线制的NPN型光电开关与PLC的接线示意图。NPN型三线开关引出的三根线,棕色线接PLC传感器输出电源+24V端子,蓝色线接PLC传感器输出电源负极端子COM,黑色线为控制信号线,接PLC输入端子X0。

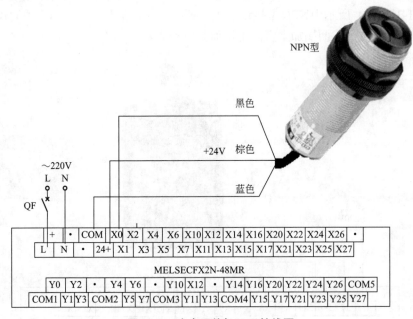

图1-3-7　光电开关与PLC 接线图

3. 数字拨码开关

拨码开关在PLC控制系统中常常用到,如图1-3-8所示为一位拨码开关的示意图。拨码开关有两种，一种是BCD码开关，即拨码数值从0～9，输出为8421 BCD码。另一种是十六进制码，即从0～F，输出为二进制码。拨码开关可以方便地进行数据变更。

如果控制系统中需要经常修改数据，可使用拨码开关组成一组拨码器与PLC相接，如图1-3-9所示是4位拨码开关与PLC输入接口电路连接。4位拨码器的COM端连在一起与PLC的COM（公共）端相接。每位拨码开关的4条数据线按一定顺序接到PLC的4个输入点上。

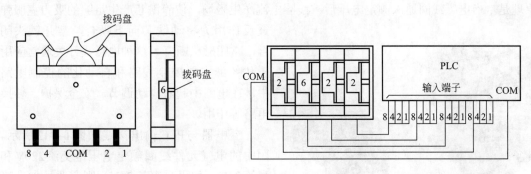

图1-3-8　拨码开关示意图　　　　　图1-3-9　4位拨码开关与PLC的输入端口接线

4. 编码器与PLC的输入接线

光电编码器如图1-3-10所示，是一种通过光电转换将输出轴上的机械几何位移量转换成脉冲或数字量的传感器。这是目前应用最多的传感器，光电编码器将被测的角位移直接转换成数字信号（高速脉冲信号）。因此可将编码器的输出脉冲信号直接输入给PLC，利用PLC的高速计数器对其脉冲信号进行计数，以获得测量结果。不同型号的旋转编码器，其输出脉冲的相数也不同，有的旋转编码器输出A、B、Z三相脉冲，有的只有A、B相两相，最简单的只有A相。

如图1-3-11所示输出两相脉冲的旋转编码器与FX系列PLC的连接，编码器有4条引线，其中2条是脉冲输出线，1条是COM端线，1条是电源线。编码器的电源可以是外接电源，也可直接使用PLC的DC 24V电源。电源"−"端要与编码器的COM端连接，"+"与编码器的电源端连接。编码器的COM端与PLC输入COM端连接，A、B两相脉冲输出线直接与PLC的输入端（X0，X1）连接，连接时要注意PLC输入的响应时间。有的旋转编码器还有一条屏蔽线，使用时要将屏蔽线接地。

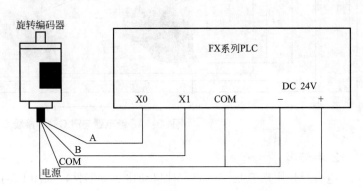

图1-3-10　光电编码器外形　　　　　图1-3-11　编码器与FX系列PLC接线

二、PLC常用输出设备及其接线

PLC输出设备一般为接触器、指示灯、数码管、报警器、电磁阀、电磁铁、调节阀、调速装置等各种执行机构。正确地连接输出电路，是保证PLC安全可靠工作的前提，下面逐一介绍。

1. 接触器、微型继电器

接触器、微型继电器属于自动的电磁式开关，如图1-3-12所示是继电器实物图。其工作原理是：当电磁线圈通入额定电压后，线圈电流产生磁场，使静铁芯产生足够的吸力克服弹

簧反作用力将动铁芯向下吸合，常开触头闭合，常闭触头断开。这种电磁式开关通常应用于传统继电器控制线路和自动化的控制电路中，在电路中起着自动调节、安全保护、转换电路等作用。

继电器与PLC输出接线如图1-3-13所示。图中的电气元件线圈额定电压是交流220V和直流24V，如果是直流24V，则需要外加直流24V的开关电源，接线时注意不同电压等级和性质的电源要独立接线，输出端子的公共端不

图1-3-12 继电器实物图

能共用，如图1-3-13所示的COM1和COM2公共端不能接在一起。

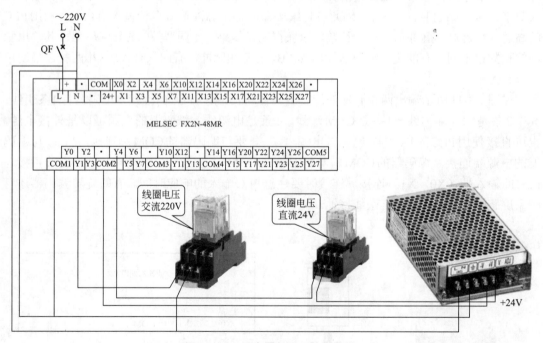

图1-3-13 继电器与PLC输出接线

2. 电磁阀

电磁阀是用来控制流体的一种自动化执行器件，如图1-3-14所示。电磁阀主要用于液压与气动控制中。其工作原理是：电磁阀里有密闭的腔，在不同位置开有通孔，每个孔都通向

不同的管路，腔中间是阀，两端是两块电磁铁，哪端的电磁铁线圈通电阀体就会被吸引到哪边，通过控制阀体的移动来挡住或打开孔，这样通过控制电磁铁的得电和断电来控制机械设备的运动。电磁阀与PLC的接线可参考继电器的接线，接线时要注意电磁阀的额定电压。

图1-3-14　电磁阀实物图

3. 信号指示灯、声光报警器

在工业自动化控制系统中，为了安全和运行状况的指示，常常需要接入指示信号或声光报警灯，如图1-3-15所示。与PLC的输出接线如图1-3-16所示，图中的电气元件额定电压为交流220V。

(a) 信号指示灯　　　　　(b) 声光报警灯

图1-3-15　信号指示灯与声光报警器

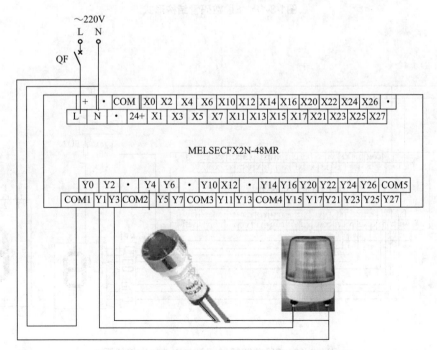

图1-3-16　信号指示灯、声光报警器与PLC接线图

4.数码管

数码管可分为7段数码管和8段数码管，是一种半导体发光器件，其基本单元是发光二极管，8段数码管由8个发光二极管组成，7段数码管由7个发光二极管组成。通过对其不同的引脚输入相对的电流，使其发亮，可以显示十进制0～9的数字，也可以显示英文字母，包括十六进制中的英文A～F。下面重点介绍8段共阴极数码管，如图1-3-17所示。

8段数码管分为共阳极和共阴极，如图1-3-18所示。在共阴极结构中，各段发光二极管的阴极连在一起，将此公共点接地，某一段发光二极管的阳极为高电平时，该段二极管发光。共阳极的8段数码管的正极（或阳极）为8个发光二极管的正极连接在一起，某段发光二极管的负极（或阴极）为低电平时，该段二极管发光。

7段共阴极数码管与PLC输出接线如图1-3-19所示。

图1-3-17　数码管外形

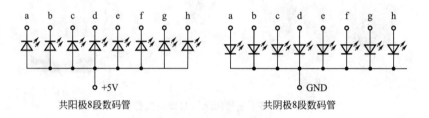

图1-3-18　8段数码管结构形式

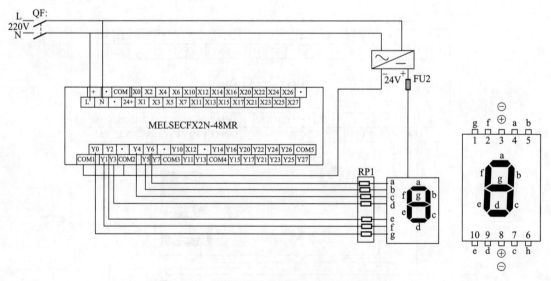

图1-3-19　7段共阴极数码管与PLC输出接线图

技能实训

一、实训目标

学会PLC与外部电气元件的接线。

二、实训设备与器材

PLC主机FX2N-32MR、按钮、接触器、继电器、指示灯、传感器等各种电气元件。

三、实训内容与步骤

（1）正确设计出PLC与按钮、接触器、继电器、指示灯、传感器等设备连接线路图。

（2）根据线路图正确连接PLC电源端子L，N。

（3）根据线路图正确对按钮、传感器与PLC输入端子进行连接。

（4）根据线路图正确对接触器、继电器、指示灯与PLC输出端子进行连接。

四、总结与评价

以小组为单位，选择演示文稿、展板、海报、录像等形式中的一种或几种，向全班展示、汇报学习成果，根据表1-3-1进行总结与评价。

表1-3-1 项目评价表

评价项目	评价标准	评价依据	评价方式			权重	得分小计
			学生自评20%	小组互评30%	教师评价50%		
职业素养	1. 遵守企业规章制度、劳动纪律 2. 按时按质完成工作任务 3. 积极主动承担工作任务，勤学好问 4. 人身安全与设备安全	1. 出勤 2. 工作态度 3. 劳动纪律 4. 团队协作精神				0.6	
创新能力	1. 在任务完成过程中能提出自己的有一定见解的方案 2. 在教学或生产管理上提出建议，具有创新性	1. 方案的可行性及意义 2. 建议的可行性				0.4	
合计							

班级：_____
小组：_____
姓名：_____

指导教师：_____
日期：_____

任务四 三菱编程软件GX Developer的安装与操作

知识目标

（1）学会三菱GX Developer编程软件的安装。

（2）学会输入与编辑梯形图。

（3）学会下载与上传PLC程序。

（4）学会PLC监控运行。

能力目标

（1）培养学生查阅资料、自我学习的能力。

（2）培养学生独立思考的能力。

（3）培养学生解决工程问题的能力。

（4）培养学生团队合作能力。

（5）培养学生创新意识与能力。

素质目标

培养学生安全意识、文明生产意识。

基础知识

一、三菱GX-Developer编程软件的安装

三菱GX-Developer Ver.8编程软件是三菱公司设计的Windows环境下使用的PLC编程软件，该软件简单易学，具有丰富的工具箱和直观形象的视窗界面，集成了项目管理、程序键入、编译链接、模拟仿真和程序调试等功能。下面以三菱FX2N PLC为例，介绍软件三菱GX-Developer Ver.8的主要功能、安装及其使用方法。

GX-Developer Ver.8编程软件的主要功能如下。

（1）在GX-Developer Ver.8编程软件中，可通过线路符号、列表语言及SFC符号来创建PLC程序，建立注释数据及设置寄存器数据。

（2）创建PLC程序以及将其存储为文件，用打印机打印。

（3）创建的PLC程序可在串行系统中完成与PLC进行通信，文件传送，操作监控以及各种测试功能。

（4）创建的PLC程序可脱离PLC进行仿真调试。

在进行PLC上机编程设计前，必须先进行编程软件的安装。GX-Developer Ver.8中文编程软件的安装主要包括3部分：使用环境、编程环境和仿真运行环境。其安装的具体方法和步骤如下。

1. 使用环境的安装

在安装软件前，首先必须安装使用环境，安装的具体方法及步骤如下。

（1）打开GX-Developer Ver.8中文软件包，找到 🗀 EnvMEL 文件夹并打开，然后双击其中的使用环境安装图标 ，数秒后，会进入使用环境安装画面，如图1-4-1所示。

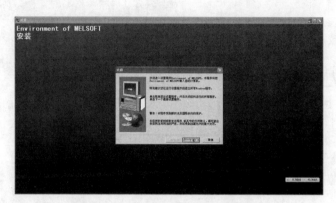

图1-4-1 进入使用环境安装的画面

（2）按照安装提示依次单击画面里的"下一个（N）>"按钮即可完成使用环境的安装。

2. 编程软件的安装

安装好使用环境后就可以实施软件安装了。在安装软件的过程中，会要求输入一个序列号，并对一些选项进行选择。具体方法及步骤如下。

（1）打开GX-Developer Ver.8中文软件包中的"记事本"文档，将安装的序列号复制，以备待会儿安装时使用。

（2）双击GX-Developer Ver.8中文软件包中的软件安装图标 ，进入软件安装画面，然后按照提示，一步一步地进行安装，进入用户信息画面，如图1-4-2所示。

图1-4-2 输入用户信息的画面

（3）单击图1-4-2所示对话框里的"下一个（N）>"按钮，会出现如图1-4-3所示的"注册确认"对话框，单击"是（Y）"按钮，将出现"输入产品序列号"对话框，输入在第一步中复制的产品序列号，如图1-4-4所示。

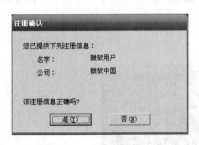

图1-4-3 注册确认画面   图1-4-4 输入产品序列号的画面

（4）软件安装的项目选择。单击图1-4-4中的"下一个（**N**）>"按钮，会出现如图1-4-5所示的"选择部件"对话框。在此可不作选择，直接单击"下一个（**N**）>"按钮，会出现如图1-4-6所示的监视专用选择画面，直接单击"下一个（**N**）>"。

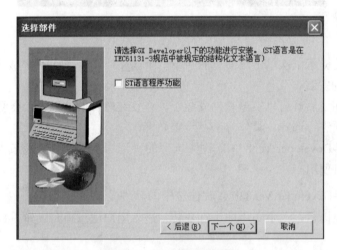

图1-4-5 ST语言选择画面

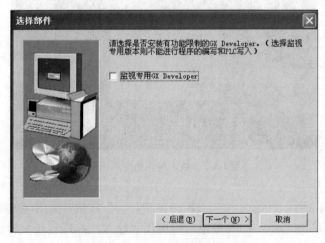

图1-4-6 监视专用选择画面

[安装提示]

　　安装选项中，每一个步骤都要仔细看，有的选项打勾了反而不利，例如在"监视专用"选项中不能打勾，否则软件只能做监视用，将造成无法进行编程。同时这个地方也是软件安装过程中出现问题最多的地方。

（5）当所有安装选项的选择部件确认完毕后，就会进入如图1-4-7所示的等待安装过程，直至出现如图1-4-8所示的"本产品安装完毕"对话框，软件才算安装完毕，然后单击对话框里的"确定"图标，结束编程软件的安装。

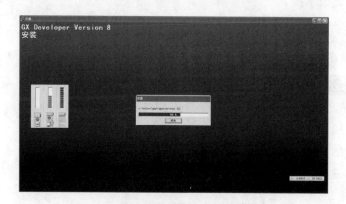

图1-4-7　软件等待安装过程画面

图1-4-8　软件安装完毕画面

3. GX-Developer Ver.8编程软件的操作界面

GX-Developer Ver.8软件打开后，会出现如图1-4-9所示的操作界面。

其操作界面主要由项目标题栏（状态栏）、下拉菜单（主菜单栏）、快捷工具栏、编辑窗口、管理窗口等部分组成。在调试模式下，还可打开远程运行窗口、数据监视窗口等。

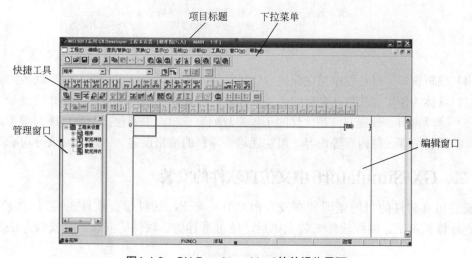

图1-4-9　GX-Developer Ver.8软件操作界面

（1）项目标题栏（状态栏）　项目标题栏（状态栏）主要显示有工程名称、文件路径、编辑模式、程序步数以及PLC的类型和当前的操作状态等。

（2）下拉菜单（主菜单栏） GX-Developer Ver.8的下拉菜单（主菜单栏）包含工程、编辑、查找/替换、变换、显示、在线、诊断、工具、窗口、帮助10个下拉菜单，每个菜单又有若干个菜单项。使用时可以直接使用菜单项，也可使用其快捷工具。常用的菜单项都有相应的快捷按钮，GX-Developer Ver.8的快捷键直接显示在相应菜单项的右边。

（3）快捷工具栏 GX-Developer Ver.8共有8个快捷工具栏，即标准、数据切换、梯形图标记、程序、注释、软元件内存、SFC、SFC符号工具栏。以鼠标选取"显示"菜单下的"工具条"命令，即可打开这些工具栏，常用的有标准、梯形图标记、程序工具栏，将鼠标停留在快捷按钮上片刻，即可获得该按钮的提示信息。工具栏上的部分工具名称如图1-4-10所示，其余的功能可在练习过程中逐渐掌握。

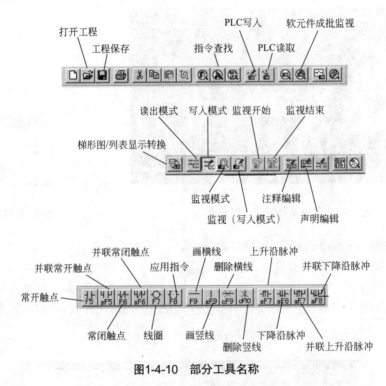

图1-4-10 部分工具名称

（4）编辑窗口 PLC程序是在编辑窗口进行输入和编辑的，其使用方法和众多的编辑软件相似。具体的使用方法将在今后的各任务控制的编程设计中再进行详细的介绍。

（5）管理窗口 管理窗口是软件的工程参数列表窗口，主要包括显示程序、编程元件的注释、参数和编程元件内存等内容，可实现这些项目的数据设定、管理、修改等功能。

二、GX-Simulator6中文仿真软件的安装

安装仿真软件的目的是即使在没有PLC的情况下，通过仿真软件也可以对编写完的程序进行模拟测试。编程软件安装完毕后，就可进行仿真软件的安装。其安装方法及步骤如下。

1. 使用环境的安装

与编程软件的安装一样，在安装仿真软件时，也应首先进行使用环境的安装，否则将会造成仿真软件不能使用。其安装方法如下：

打开GX-Simulator6中文软件包，找到  EnvMEL 文件夹并打开，然后双击其中的使用环境安装图标  ，首先出现如图1-4-11所示的画面，数秒后，会出现如图1-4-12所示的信息对话框画面，单击对话框里的"确定"按钮，即可完成仿真软件使用环境的安装。

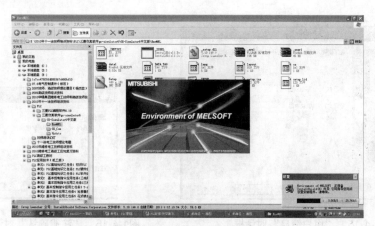

图1-4-11 进入仿真软件使用环境安装的画面

2. 仿真软件的安装

（1）打开GX-Simulator6中文软件包中的"记事本"文档，复制安装序列号，以备安装使用。

（2）双击GX-Simulator6中文软件包中的软件安装图标，进入软件安装画面，然后按照安装提示进行一步一步地安装，直至进入SWnD5-LLT程序设置安装画面，如图1-4-13所示。

图1-4-12 仿真软件使用环境安装完毕的画面

[安装提示]

在安装的时候，最好把其他应用程序关掉，包括杀毒软件、防火墙、IE、办公软件。因为这些软件可能会调用系统的其他文件，影响安装的正常进行。如图1-4-14所示就是未关掉其他应用程序会出现的画面，只要单击"确定"即可。

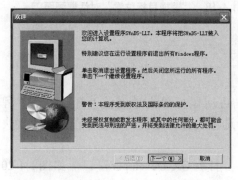

图1-4-13 SWnD5-LLT程序设置安装画面

图1-4-14 未关掉其他应用程序软件安装时出现的画面

（3）单击图1-4-13中的"下一个（N）>"按钮，出现如图1-4-15所示的"用户信息"画面，输入用户信息，并单击对话框里的"下一个（N）>"按钮，会出现如图1-4-16所示的"注册确认"对话框，单击"是（Y）"按钮，将出现"输入产品ID号"对话框，输入之前复制的产品序列号，如图1-4-17所示。

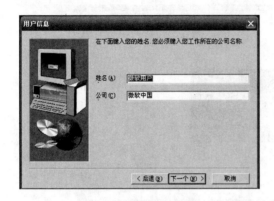

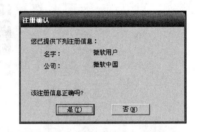

图1-4-15 "用户信息"对话框   图1-4-16 "注册确认"对话框

（4）单击"输入产品ID号"对话框里的"下一个（N）>"按钮，会出现如图1-4-18所示的"选择目标位置"画面。然后单击对话框里的"下一个（N）>"按钮，会出现等待安装过程画面，数秒后，软件安装完毕，会弹出软件安装完毕的画面，此时只要单击画面中的"确定"图标，即可完成仿真运行软件的安装。

图1-4-17 输入产品ID号的画面   图1-4-18 "选择目标位置"对话框画面

三、GX-Developer编程软件的应用

1. 系统的启动与退出

（1）系统启动 要想启动GX-Developer软件，可用鼠标单击桌面的"开始"→"程序"→"MELSOFT应用程序"→"GX-Developer"选项，为了方便，也可以在桌面建立快捷图标，如图1-4-19所示。

然后用鼠标单击桌面上的 GX Developer 图标，就会打开GX-Developer窗口，如图1-4-20所示。

（2）系统的退出 以鼠标选取"工程"菜单下的"关闭"命令，即可退出GX-Developer系统。

图1-4-19　桌面上的快捷图标

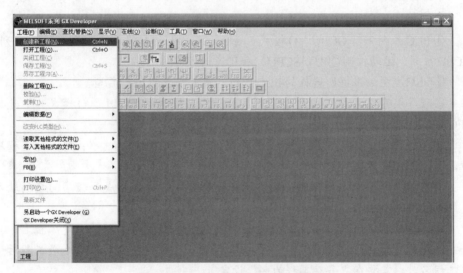

图1-4-20　打开的GX-Developer窗口

2. 文件的管理

（1）创建新工程　在图1-4-20的GX-Developer窗口中，选择"工程"→"创建新工程"菜单项，或者按"Ctrl+N"键操作，在出现的"创建新工程"对话框的"PLC系列"中选择"FXCPU"，PLC类型选择"FX2N（C）"，程序类型选择"梯形图逻辑"，如图1-4-21所示。单击"确定"，可显示如图1-4-22所示的编程窗口；如单击"取消"，则不创建新工程。

图1-4-21　"创建新工程"对话框

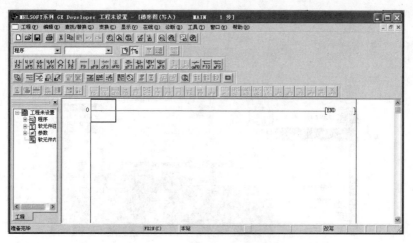

图1-4-22　创建新工程编辑窗口

【操作提示】

在创建工程名时，一定要弄清图1-4-22中各选项的内容。

①PLC系列：有QCPU（Q模式）系列、QCPU（A模式）系列、QnA系列、ACPU系列、运动控制CPU（SCPU）和FXCPU系列。

②PLC类型：根据所选择的PLC系列，确定相应的PLC类型。

③程序类型：可选"梯形图逻辑"或"SFC"，当在QCPU（Q模式）中选择SFC时，MELSAP-L也可选择。

④标签设定：当无需制作标签程序时，选择"不使用标签"；制作标签程序时，选择"使用标签"。

⑤生成和程序同名的软元件内存数据：新建工程时，生成和程序同名的软元件内存数据。

⑥设置工程名：工程名用作保存新建的数据，在生成工程前设定工程名，单击复选框选中；另外，工程名可于生成工程前或生成后设定，但是生成工程后设定工程名时，需要在"另存工程为…"设定。

⑦驱动器/路径：在生成工程前设定工程名时可设定。

⑧工程名：在生成工程前设定工程名时可设定。

⑨确定：所有设定完毕后单击本按钮。

图1-4-23　"打开工程"对话框

（2）打开工程　所谓打开工程，就是读取已保存的工程文件，其操作步骤如下。

选择"工程"→"打开工程"菜单或按"Ctrl+O"键，在出现的如图1-4-23所示的"打开工程"对话框中，选择所存工程驱动器/路径和工程名，单击"打开"，进入编辑窗口；单击"取消"，重新选择。

在图1-4-23中，选择"电动机的连续运转"工程，单击打开后得到梯形图编辑窗口，这样即可编辑程序或与PLC进行通信等操作。

（3）文件的保存和关闭　保存当前PLC程序、注释数据以及其他在同一文件名下的数据，操作方法为：执行"工程"→"保存工程"菜单操作或"Ctrl+S"键操作，如图1-4-24所示。

将已处于打开状态的PLC程序关闭，操作方法是执行"工程"→"关闭工程"菜单操作即可。

【操作提示】

①在关闭工程时应注意：在未设定工程名或者正在编辑时选择"关闭工程"，将会弹出一个询问保存对话框，如图1-4-24所示。如果希望保存当前工程应单击"是"图标，否则应单击"否"图标，如果需继续编辑工程应单击"取消"图标。

图1-4-24　关闭工程时的询问保存对话框

②当未指定驱动器/路径名（空白）就保存工程时，GX-Developer可自动在默认值设定的驱动器/路径中保存工程。

（4）删除工程　将已保存在计算机中的工程文件删除，操作步骤如下：

①选择"工程"→"删除工程"…，弹出"删除工程"对话框。

②单击将要删除的文件名，按"Enter"键，或者单击"删除"；或者双击将删除的文件名，弹出删除确认对话框。单击"取消"，不继续删除操作。

③单击"是"，确认删除工程。单击"否"，返回上一对话框。

3. 编程操作

输入如图1-4-25所示的梯形图程序，操作方法及步骤如下：

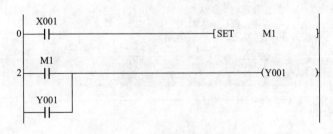

图1-4-25　输入梯形图示例

（1）新建一个工程，在菜单栏中选择"编辑"菜单→"写入模式"，如图1-4-26所示。

在蓝线光标框内直接输入指令或单击 图标（或按快捷键"F5"），就会弹出"梯形图输入"对话框。然后在对话框的文本输入框中输入"LD　X1"指令（LD与X1之间需空格），如图1-4-27（a）所示。或在有梯形图标记"┤├"的文本框中输入"X1"，如图1-4-27（b）所示；最后单击对话框中的"确定"图标或按"Enter"键，就会出现如图1-4-28所示的画面。

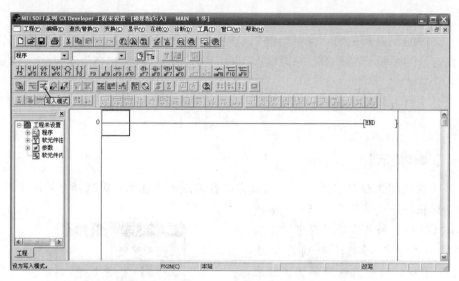

图1-4-26　进入梯形图程序输入画面

【操作提示】

　　工具栏中各元件的符号中都标注了对应的快捷键，如 ┤┞ 表示"┤├"的快捷键为"F5"。

(a) 指令输入画面　　　　　　　　　　(b) 梯形图输入画面

图1-4-27　梯形图及指令输入画面

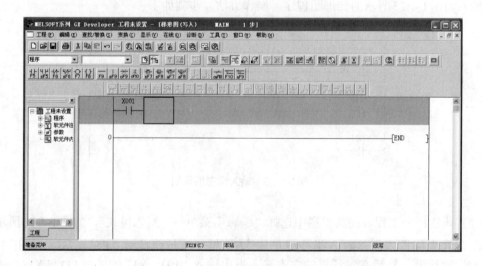

图1-4-28　X001输入完毕画面

（2）采用前述类似的方法输入"SET M10"指令（或选择 ┤┞ 图标，然后输入相应的指令），输入完毕后单击"确定"，可得到如图1-4-29所示的画面。

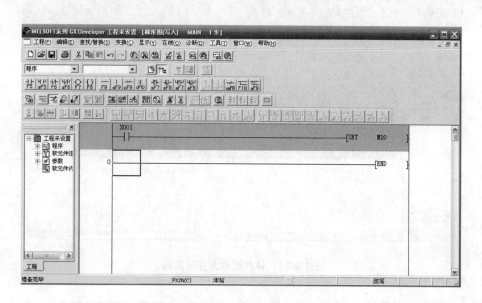

图1-4-29 "SET M10"输入完毕画面

（3）再用上述类似的方法输入"LD M10"和"OUT Y1"指令，如图1-4-30所示。

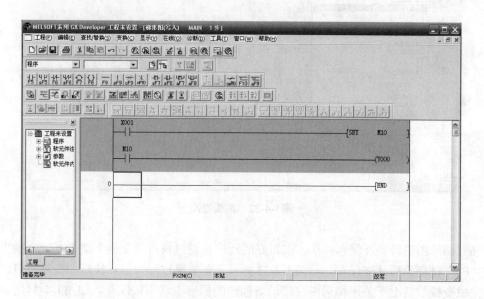

图1-4-30 "LD M10"和"OUT Y1"指令输入完毕画面

（4）再在图1-4-30的蓝线光标框处直接输入"OR Y0"或单击相应的工具图标 并输入指令，确定后程序窗口中显示已输入完毕的梯形图，如图1-4-31所示。至此，完成了梯形图程序的输入。

（5）梯形图修改与检查。梯形图输入完毕后，可通过执行"编辑"菜单栏中的指令，对输入的程序进行修改和检查，如图1-4-32所示。

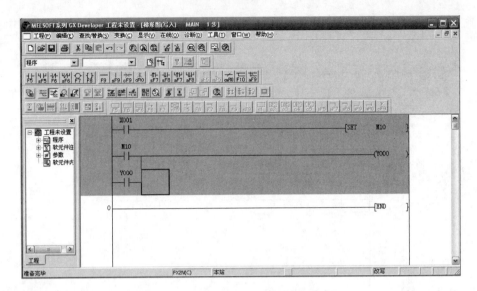

图1-4-31 梯形图输入完毕画面

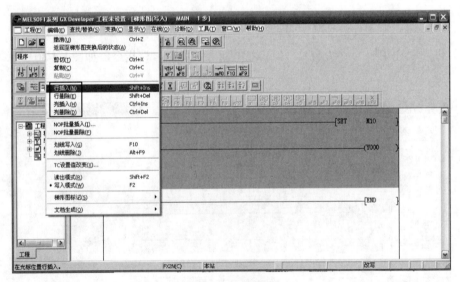

图1-4-32 编辑操作

（6）梯形图的转换及保存操作。编辑好的程序先通过执行"变换"菜单→"变换"操作或按"F4"键变换后才能保存，如图1-4-33所示。在变换过程中显示梯形图变换信息，如果在不完成变换的情况下关闭梯形图窗口，新创建的梯形图将不被保存。如图1-4-34所示是本示例程序变换后的画面。

图1-4-33 变换操作

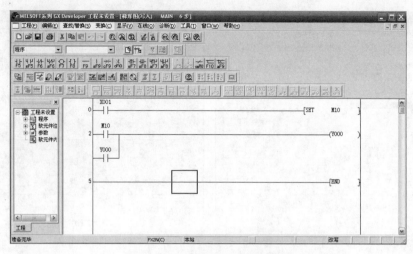

图1-4-34 变换后的梯形图画面

（7）程序调试及运行。

①程序的检查。执行"诊断"菜单→"PLC诊断"命令，进行程序检查，如图1-4-35所示。

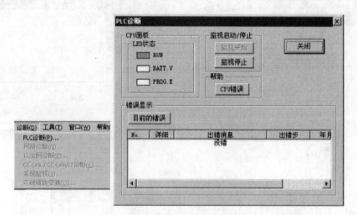

图1-4-35 诊断操作

②程序的写入。PLC在STOP模式下，执行"在线"菜单→"PLC写入"命令，出现PLC写入对话框，如图1-4-36所示；选择"参数"+"程序"，再按"执行"，完成将程序写入PLC，如图1-4-37所示。

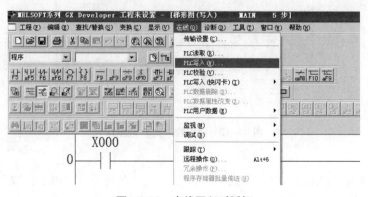

图1-4-36 在线写入对话框

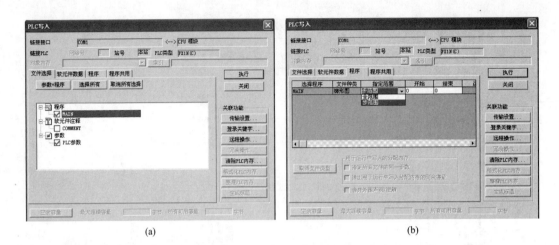

(a)　　　　　　　　　　　(b)

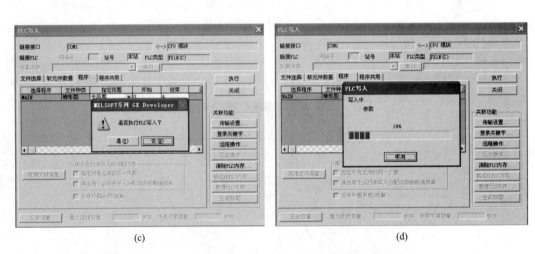

(c)　　　　　　　　　　　(d)

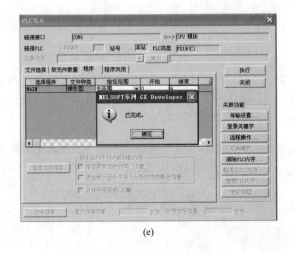

(e)

图1-4-37　PLC程序的写入操作

③程序的读取。PLC在STOP模式下，执行"在线"菜单→"PLC读取"命令，将PLC的程序发送到计算机中，如图1-4-38所示。

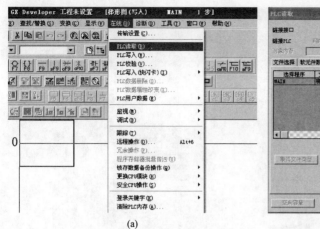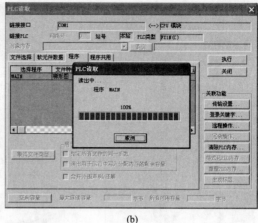

(a)   (b)

图1-4-38 程序的读取

【操作提示】

在传送程序时，应注意以下问题：

①计算机的RS232C端口及PLC之间必须用指定的缆线及转换器连接。

②PLC必须在STOP模式下，才能执行程序传送。

③执行完"PLC写入"后，PLC中的程序将被丢失，原有的程序将被读入的程序所替代。

④在"PLC读取"时，程序必须在RAM或EEPROM内存保护关断的情况下读取。

④程序的运行及监控。

a. 运行。执行"在线"菜单→"远程操作"命令，将PLC设为RUN模式，程序运行，如图1-4-39所示。

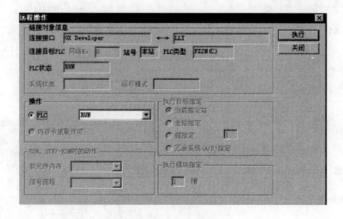

图1-4-39 运行操作

b. 监控。执行程序运行后，再执行"在线"菜单→"监视"命令，可对PLC的运行过程进行监控。结合控制程序，操作有关输入信号，观察输出状态，如图1-4-40所示。

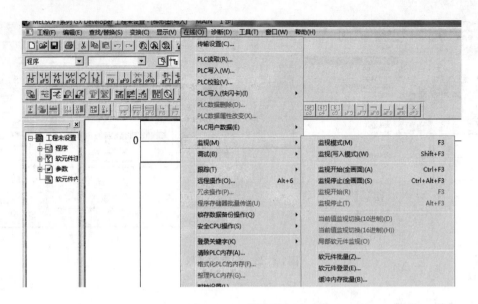

图1-4-40 监控操作

⑤程序的调试。程序运行过程中出现的错误一般有两种：

a. 一般错误：运行的结果与设计的要求不一致，需要修改程序。先执行"在线"→"远程操作"命令，将PLC设为STOP模式，再执行"编辑"→"写入模式"命令，再从程序读取开始执行（输入正确的程序），直到程序正确。

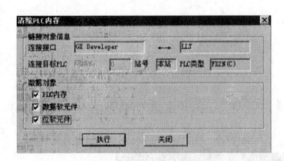

图1-4-41 清除PLC内存操作

b. 致命错误：PLC停止运行，PLC上的ERROR指示灯亮，需要修改程序。先执行"在线"→"清除PLC内存"命令，如图1-4-41所示；将PLC内的错误程序全部清除后，再从程序读取开始执行（输入正确的程序），直到程序正确。

⑥软元件注释。在梯形图程序中，通过软元件注释可以让用户更加清楚各软元件的含义及功能。软元件的注释如图1-4-42所示。

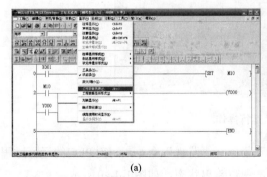

(a)

(b)

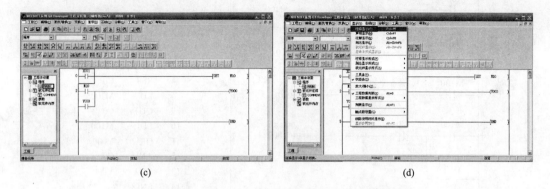

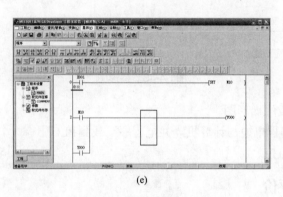

图1-4-42　软元件的注释

技能实训

一、实训目标

（1）学会安装编程软件。
（2）学会输入编辑梯形图。
（3）学会程序的下载和上传。

二、实训设备与器材

个人计算机、PLC主机FX2N-32MR、按钮、GX-Developer Ver.8编程软件；GX Simulator仿真软件、编程电缆USB-SC-09等。

三、实训内容与步骤

（1）根据前面学过的知识，进行编程软件与仿真软件的安装。
（2）打开桌面上编程软件的图标，根据提示创建工程并保存。
（3）编程梯形图，将图1-4-43所示的梯形图输入到计算机，并通过编辑操作进行检查和修改。

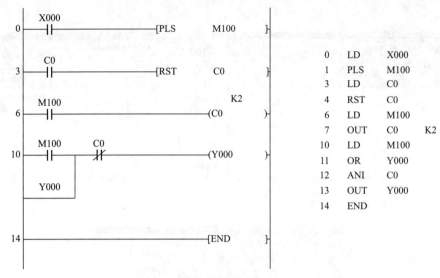

图1-4-43　梯形图

（4）保存编辑完成的梯形图。

（5）连接SC-09编程电缆与计算机，并把程序下载到PLC中。

（6）程序运行与监控。

四、总结与评价

以小组为单位，选择演示文稿、展板、海报、录像等形式中的一种或几种，向全班展示、汇报学习成果，根据表1-4-1进行总结与评价。

表1-4-1　项目评价表

班级：＿＿＿＿＿＿＿＿＿ 小组：＿＿＿＿＿＿＿＿＿ 姓名：＿＿＿＿＿＿＿＿＿		指导教师：＿＿＿＿＿＿＿＿＿ 日期：＿＿＿＿＿＿＿＿＿					
评价项目	评价标准	评价依据	评价方式			权重	得分小计
			学生自评 20%	小组互评 30%	教师评价 50%		
职业素养	1. 遵守企业规章制度、劳动纪律 2. 按时按质完成工作任务 3. 积极主动承担工作任务，勤学好问 4. 人身安全与设备安全	1. 出勤 2. 工作态度 3. 劳动纪律 4. 团队协作精神				0.6	
创新能力	1. 在任务完成过程中能提出自己的有一定见解的方案 2. 在教学或生产管理上提出建议，具有创新性	1. 方案的可行性及意义 2. 建议的可行性				0.4	
合计							

项目二

三菱FX系列PLC的基本控制指令及应用

任务一　学习基本逻辑指令

知识目标

（1）理解三菱FX系列PLC的基本指令。

（2）学会应用基本指令。

（3）学会用PLC控制电动机的运行。

能力目标

（1）培养学生查阅资料、自我学习的能力。

（2）培养学生独立思考的能力。

（3）培养学生解决工程问题的能力。

（4）培养学生团队合作能力。

（5）培养学生创新意识与能力。

素质目标

培养学生安全意识、文明生产意识。

基础知识

　　PLC的指令有基本指令和功能指令之分，三菱FX2N系列PLC共有基本指令20条，如表2-1-1所示。

表2-1-1　三菱FX2N系列PLC基本指令

助记符	指令名称	功能	助记符	指令名称	功能
取指令与输出指令			块操作指令		
LD	取指令	运算开始，常开触点	ANB	块与指令	电路块串联连接
LDI	取反指令	运算开始，常闭触点	ORB	块或指令	电路块并联连接
LDP	取上升沿	上升沿检出运算开始	置位与复位指令		
LDF	取下降沿	下降沿检出运算开始	SET	置位指令	线圈动作并保持
OUT	输出指令	对线圈进行驱动	RST	复位指令	解除线圈动作
触点串联指令			微分指令		
AND	与指令	串联连接常开触点	PLS	上升沿微分	上升沿输出脉冲
ANI	与非指令	串联连接常闭触点	PLF	下降沿微分	下降沿输出脉冲
ANDP	上升沿与	上升沿检出串联连接	主控指令		
ANDF	下降沿与	下降沿检出串联连接	MC	主控指令	产生临时左母线
触点并联指令			MCR	主控复位	取消临时左母线
OR	或指令	并联连接常开触点	堆栈指令		
ORI	或非指令	并联连接常闭触点	MPS	进栈指令	运算存储
ORP	上升沿或	上升沿检出并联连接	MRD	读栈指令	存储读出
ORF	下降沿或	下降沿检出并联连接	MPP	出栈指令	存储读出和复位
INV	取反指令	运算结果取反	NOP	空操作指令	无动作
END	结束指令	程序结束			

一、基本的连接与驱动指令

1. 取指令与输出指令（LD、LDI、OUT）

（1）LD（"取"指令）：用于单个常开触点与左母线的连接。

（2）LDI（"取反"指令）：用于单个常闭触点与左母线的连接。

（3）OUT（"输出"指令）：对线圈进行驱动的指令。

"取"指令与"输出"指令的使用如图2-1-1所示。

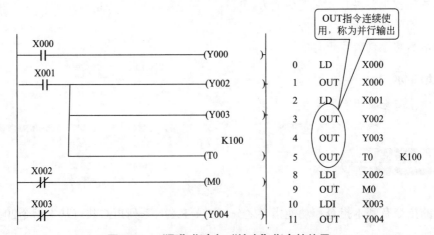

图2-1-1　"取"指令与"输出"指令的使用

指令使用说明：

（1）LD和LDI指令可以用于软元件X、Y、M、T、C和S。

（2）LD和LDI指令还可以与ANB、ORB指令配合，用于分支电路的起点处。

（3）OUT指令可以用于Y、M、T、C和S，但是不能用于输入继电器X。

（4）对于定时器和计数器，在OUT指令之后应设置常数K或数据寄存器D。

（5）OUT指令可以连续使用若干次（相当于线圈并联），这种输出形式称为并行输出。

2. 触点串联指令（AND、ANI）

（1）AND（"与"指令）：用于单个常开触点的串联连接，完成逻辑"与"的运算。

（2）ANI（"与非"指令）：用于单个常闭触点的串联连接，完成逻辑"与非"的运算。

触点串联指令的使用如图2-1-2所示。

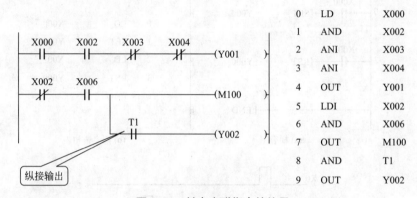

图2-1-2　触点串联指令的使用

指令使用说明：

（1）AND、ANI的目标元件可以是X、Y、M、T、C和S。

（2）触点串联使用次数不受限制。

（3）图2-1-2中OUT M100指令之后，再通过T1的常开触点去驱动Y2的方式称为"纵接输出"。

3. 触点并联指令（OR、ORI）

（1）OR（"或"指令）：用于单个常开触点的并联，实现逻辑"或"运算。

（2）ORI（"或非"指令）：用于单个常闭触点的并联，实现逻辑"或非"运算。

触点并联指令的使用如图2-1-3所示。

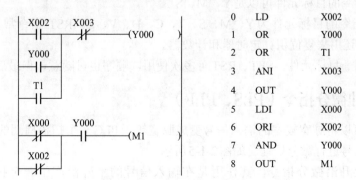

图2-1-3　触点并联指令的使用

指令使用说明：

（1）OR、ORI 指令都是指单个触点的并联。

（2）触点并联指令连续使用的次数不受限制。

（3）OR、ORI 指令的目标元件为 X、Y、M、T、C、S。

二、置位与复位指令（SET、RST）

（1）SET 是置位指令，其作用是使被操作的目标元件置位并保持。

（2）RST 是复位指令，其作用是使被操作的目标元件复位并保持清零状态。

SET、RST 的使用如图 2-1-4 所示。

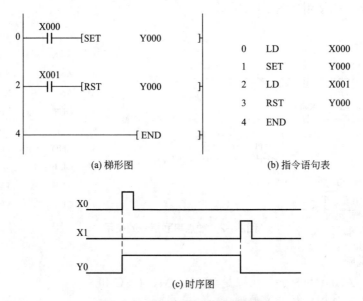

图2-1-4　置位与复位指令的使用

如图 2-1-4（c）所示为时序图。时序图可以直观地表达出梯形图的控制功能。在画时序图时，一般规定只画各元件常开触点的状态，如果常开触点是闭合状态，用高电平"1"表示；常开触点是断开状态，则用低电平"0"表示。假如梯形图中只有某元件的线圈和常闭触点，则在时序图中仍然只画出其常开触点的状态。

指令使用说明：

（1）SET 指令的目标元件可以是 Y、M、S。

（2）RST 指令的目标元件为 Y、M、S、T、C、D、V、Z。RST 指令常被用来对 D、Z、V 的内容清零，还用来复位积算定时器和计数器。

（3）对于同一目标元件，SET、RST 可多次使用，顺序也可随意，但最后执行者有效。

三、脉冲微分指令（PLS、PLF）

微分指令可以将脉宽较宽的输入信号变成脉宽等于 PLC 一个扫描周期的触发脉冲信号，相当于对输入信号进行微分处理。如图 2-1-5 所示。

PLS 称为上升沿微分指令，其作用是在输入信号的上升沿产生一个扫描周期的脉冲输出。

PLF称为下降沿微分指令，其作用是在输入信号的下降沿产生一个扫描周期的脉冲输出。

脉冲微分指令的应用格式如图2-1-5所示。

脉冲微分指令的使用如图2-1-6所示，利用微分指令检测到信号的边沿，M0或M1仅接通一个扫描周期，通过置位和复位指令控制Y0的状态。

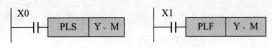

图2-1-5 脉冲微分指令的应用格式

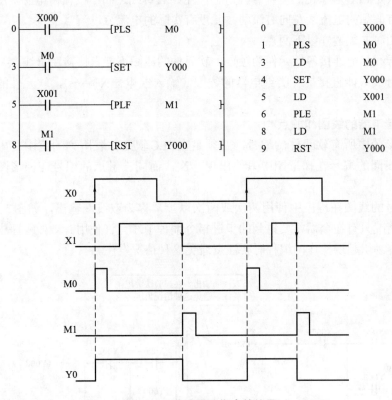

图2-1-6 脉冲微分指令的使用

指令使用说明：

（1）PLS、PLF指令的目标元件为Y和M。

（2）使用PLS指令时，是利用输入信号的上升沿来驱动目标元件，使其接通一个扫描周期；使用PLF指令时，是利用输入信号的下降沿来驱动目标元件，使其接通一个扫描周期。

四、其他基本指令（END、NOP）

（1）END为结束指令，将强制结束当前的扫描执行过程，若不写END指令，将从用户程序存储器的第一步执行到最后一步；将END指令放在程序结束处，只执行第一步至END之间的程序，所以使用END指令可以缩短扫描周期。

另外在调试程序过程中，可以将END指令插在各段程序之后，这样可以大大提高调试的速度。

（2）NOP是空操作指令，其作用是使该步序作空操作。执行完清除用户存储器的操作后，用户存储器的内容全部变为空操作指令。

五、PLC编程的基本规则

梯形图是PLC最常用的编程语言,梯形图在形式上类似于继电控制电路,但两者在本质上又有很大的区别。

1. 关于左、右母线

梯形图的每一个逻辑行必须从左母线开始,终止于右母线。但是它与继电控制的不同是:梯形图只是PLC形象化的一种编程语言,左、右母线之间不接任何电源,所以只能认为每个逻辑行有假想的电流从左向右流动,并没有实际的电流流过。

画梯形图时必须遵守以下两点。

(1)左母线只能连接各软元件的触点,软元件的线圈不能直接接左母线。

(2)右母线只能直接接各类继电器的线圈(输入继电器X除外),软元件的触点不能直接接右母线。

2. 关于继电器的线圈和触点

(1)梯形图中所有软元件的编号,必须是在PLC软元件表所列的范围之内,不能任意使用。同一线圈的编号在梯形图中只能出现一次,而同一触点的编号在梯形图中可以重复出现。

同一编号的线圈在程序中使用两次或两次以上,称为双线圈输出,如图2-1-7所示。双线圈输出的情况只有在今后将要讲到的步进指令编程中才允许使用。一般程序中如果出现双线圈输出,容易引起误操作,编程时要注意避免这种情况发生。

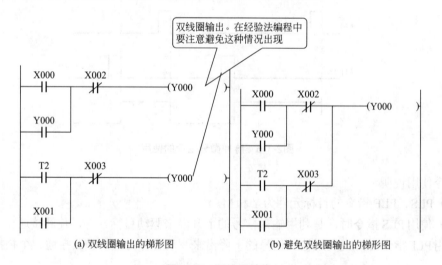

(a) 双线圈输出的梯形图   (b) 避免双线圈输出的梯形图

图2-1-7 双线圈输出

(2)在梯形图中,只能出现输入继电器的触点,不能出现输入继电器的线圈。因为在梯形图里出现的线圈一定是要由程序驱动的,而输入继电器的线圈只能由对应的外部输入信号来驱动。

(3)梯形图中,不允许出现PLC所驱动的负载,只能出现相应的输出继电器的线圈。因为当输出继电器的线圈得电时,就表示相应的输出点有信号输出,相应的负载就被驱动。

(4)梯形图中所有的触点应按从上到下、从左到右的顺序排列,触点只能画在水平方向上(主控触点除外)。

3. 关于合理设计梯形图

（1）在每个逻辑行中，要注意"上重下轻"、"左重右轻"。即串联触点多的电路块应安排在最上面，这样可以省去一条ORB"块或"指令，这时电路块下面可并联任意多的单个触点，如图2-1-8所示；并联触点多的电路块应安排在最前面，这样可以省去一条ANB"块与"指令，这时电路块下面可串联任意多的单个触点，如图2-1-9所示。

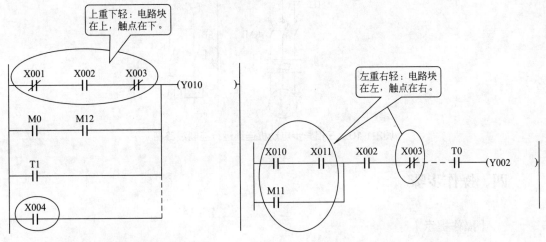

图2-1-8　ORB指令的应用　　　　　图2-1-9　ANB指令的应用

（2）如果多个逻辑行中都具有相同的控制条件，可将每个逻辑行中相同的部分合并在一起，共用同一个控制条件，以简化梯形图。这样可以用主控指令（MC、MCR）进行指令语句表的编写。

（3）设计梯形图时，一定要了解PLC的扫描工作方式。在程序处理阶段，对梯形图从上到下、从左到右的顺序逐一扫描处理，不存在几条并列支路同时动作的情况。理解了这一点，就可以设计出更加清晰简洁的梯形图。

技能实训1

一、实训目标

（1）能够正确绘制电气原理图。
（2）能够正确设计梯形图程序。
（3）能够独立完成电动机的启停控制线路并正确调试。

二、实训设备与器材

PLC主机FX2N-32MR、计算机、编程电缆、断路器、熔断器、热继电器、接触器、按钮等电气元件。

三、实训内容

如图2-1-10所示是继电器接触器控制的三相异步电动机连续运行控制电路。KM为交流接触器，SB1为启动按钮，SB2为停止按钮，KH为过载保护热继电器。要求用PLC来改造图2-1-10所示的控制电路的功能。

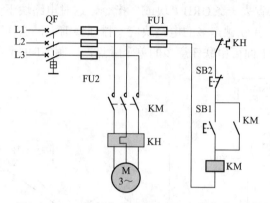

图2-1-10　三相异步电动机连续运行控制线路图

四、操作步骤

【操作提示】

初学者学习PLC控制，一般需要遵循以下几个步骤。

（1）分析控制要求后，首先进行I/O分配。

（2）画出PLC接线图。

（3）编写梯形图程序。

（4）进行线路安装。

（5）程序下载与调试。

1. I/O地址通道分配

为了将如图2-1-10所示的控制电路用PLC来实现，首先需要对输入输出点进行分配，如表2-1-2所示。

表2-1-2　I/O分配表

输　　入			输　　出		
作用	输入元件	输入点	输出点	输出元件	作用
启动按钮	SB1	X0	Y0	KM	交流接触器
停止按钮	SB2	X1			

为了节省PLC的输入点，一般将过载保护的常闭触点接在输出端，如图2-1-11所示。

2. 画出PLC接线图

注意：在画接线图时，所有开关量输入都画成常开触点。例如图2-1-11中启动按钮为 SB1 ⊥、停止按钮为 SB2 ⊥，均是常开触点。具体分析如下：

对于启动按钮SB1，当按下SB1时，输入继电器X0得电，其常开触点闭合，常闭触点断开；对于停止按钮SB2，仍使用常开，当按下SB2时，输入继电器X1得电，其常开触点闭合，常闭触点断开。

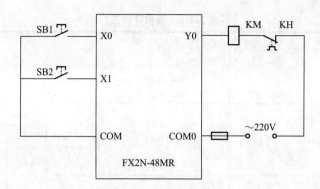

图2-1-11　三相异步电动机连续运行PLC接线图

3. 编写梯形图

根据任务要求编写该控制的梯形图，如图2-1-12所示。

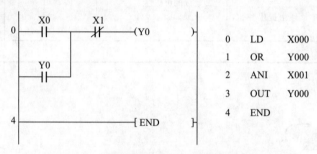

图2-1-12　三相异步电动机连续运行梯形图

按下启动按钮SB1，常开触点 $\overset{X0}{\dashv\vdash}$ 闭合，作为Y0的"启动"条件，能使Y0线圈得电；Y0线圈得电后，常开触点 $\overset{Y0}{\dashv\vdash}$ 闭合，实现自锁"保持"，所以能保证Y0线圈持续得电。若想停止运行，则按下停止按钮SB2，则输入继电器X1得电，常闭触头 $\overset{X1}{\dashv\!/\!\vdash}$ 断开，则Y0线圈失电，起到"停止"的作用。

今后在经验设计法编程时，最常使用的就是"启-保-停"思路，即根据控制要求，找到控制输出所需要的各个启动、保持和停止条件，再通过"与"、"或"、"非"的逻辑关系把这些条件连接起来即可。

4. 安装与调试

（1）程序录入　根据编写的梯形图（如图2-1-12所示）录入程序。

（2）PLC接线　根据接线图（如图2-1-11所示）进行PLC接线。

（3）运行调试　将录入的程序传送到PLC，并进行调试，检查是否完成了控制要求，具体步骤是：先按下与X0相接的SB1，则Y0得电，并驱动负载KM得电并持续得电，电动机能连续运行；若按下与X1相连的SB2，则Y0失电，则控制KM线圈，电动机停止转动。直到运行完全符合控制要求方为成功。

五、总结与评价

以小组为单位，选择演示文稿、展板、海报、录像等形式中的一种或几种，向全班展示、汇报学习成果，根据表2-1-3进行总结与评价。

表2-1-3　项目评价表

评价项目	评价标准	评价依据	评价方式			权重	得分小计
			学生自评 20%	小组互评 30%	教师评价 50%		
职业素养	1. 遵守企业规章制度、劳动纪律 2. 按时按质完成工作任务 3. 积极主动承担工作任务，勤学好问 4. 人身安全与设备安全	1. 出勤 2. 工作态度 3. 劳动纪律 4. 团队协作精神				0.6	
创新能力	1. 在任务完成过程中能提出自己的有一定见解的方案 2. 在教学或生产管理上提出建议，具有创新性	1. 方案的可行性及意义 2. 建议的可行性				0.4	
合计							

班级：_____
小组：_____
姓名：_____

指导教师：_____
日期：_____

技能实训2

一、实训目标

（1）能够正确绘制电气原理图。
（2）能够正确设计梯形图程序。
（3）能够独立完成电动机的正反转控制线路并正确调试。

二、实训设备与器材

PLC主机FX2N-32MR、计算机、编程电缆、断路器、熔断器、热继电器、接触器、按钮等电气元件。

三、实训内容

如图2-1-13所示为三相异步电动机正反转控制线路：按下正转启动按钮SB2，交流接触器KM1得电，三相异步电动机正转；按下反转启动按钮SB3，交流接触器KM2得电，三相异步电动机反转；无论是正转还是反转，只要按下停止按钮SB1，电动机都要停止。

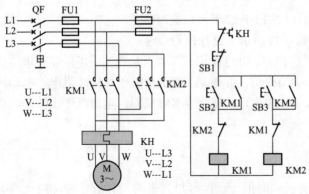

图2-1-13　三相异步电动机正反转控制线路图

四、操作步骤

1. I/O地址通道分配

为了将如图2-1-13所示的控制电路用PLC来实现，首先需要对输入输出点进行分配，如表2-1-4所示。

表2-1-4　I/O分配表

输　入			输　出		
作用	输入元件	输入点	输出点	输出元件	作用
正转启动	SB2	X0	Y0	KM1	正转用交流接触器
反转启动	SB3	X1	Y1	KM2	反转用交流接触器
停止按钮	SB1	X2			

2. 画出接线图

根据控制要求设计三相异步电动机正反转控制PLC接线图，如图2-1-14所示。

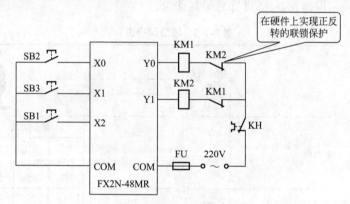

图2-1-14　三相异步电动机正反转控制PLC接线图

3. 编写梯形图

根据任务要求编写梯形图及其指令语句表，如图2-1-15所示。

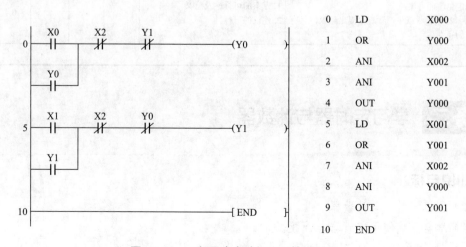

图2-1-15　三相异步电动机正反转梯形图

【操作提示】

梯形图中的 ─┤↑├─ 和 ─┤↓├─ 实现了软件（程序）上的联锁保护，用于防止主电路出现电源短路事故。

4. 安装与调试

（1）程序录入　根据编写的梯形图（如图2-1-15所示）录入程序。

（2）PLC接线　根据接线图（如图2-1-14所示）进行PLC接线。

（3）运行调试　将录入的程序传送到PLC，并进行调试，检查是否能完成正转、正转停止、反转、反转停止、正反转联锁等控制要求，直至运行符合控制要求方为成功。

四、总结与评价

以小组为单位，选择演示文稿、展板、海报、录像等形式中的一种或几种，向全班展示、汇报学习成果，根据表2-1-5进行总结与评价。

表2-1-5　项目评价表

班级：_____ 小组：_____ 姓名：_____		指导教师：_____ 日期：_____					
评价项目	评价标准	评价依据	评价方式			权重	得分小计
			学生自评 20%	小组互评 30%	教师评价 50%		
职业素养	1. 遵守企业规章制度、劳动纪律 2. 按时按质完成工作任务 3. 积极主动承担工作任务，勤学好问 4. 人身安全与设备安全	1. 出勤 2. 工作态度 3. 劳动纪律 4. 团队协作精神				0.6	
创新能力	1. 在任务完成过程中能提出自己的有一定见解的方案 2. 在教学或生产管理上提出建议，具有创新性	1. 方案的可行性及意义 2. 建议的可行性				0.4	
合计							

任务二　学习定时器与计数器

知识目标

（1）认识定时器与计数器。

（2）学会正确使用定时器与计数器。

能力目标

（1）培养学生查阅资料、自我学习的能力。

（2）培养学生独立思考的能力。

（3）培养学生解决工程问题的能力。

（4）培养学生团队合作能力。

（5）培养学生创新意识与能力。

素质目标

培养学生安全意识、文明生产意识。

基础知识

一、定时器

定时器的功能类似于继电控制里的时间继电器，其工作原理可以简单地叙述为：定时器是根据对时钟脉冲（常用的时钟脉冲有100ms、10 ms、1 ms三种）的累积而定时的，当所计的脉冲个数达到所设定的数值时，其输出触点动作（常开闭合、常闭断开）。设定值K可用常数或数据寄存器D的内容来进行设定。

FX2N系列PLC共有256个定时器，可以分为非积算型和积算型两种。

1. 非积算定时器

100 ms的定时器200点（T0～T199），设定值为1～32767，所以其定时范围为0.1～3276.7s。

10ms的定时器共46点（T200～T245），设定值为1～32767，定时范围为0.01～327.67s，非积算定时器的动作过程如图2-2-1所示。

在图2-2-1中可以看到，发生断电或输入X0断开时，定时器T30的线圈和触点均发生复位，再上电之后重新开始计数，所以称其为非积算定时器。

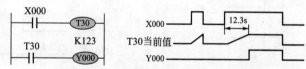

图2-2-1 非积算定时器的动作过程示意图

2. 积算定时器

积算定时器具备断电保持功能，在定时过程中如果断电或定时器的线圈断开，积算定时器将保持当前的计数值；再上电或定时器线圈接通后，定时器将继续累积；只有将定时器强制复位后，当前值才能变为0。

其中1 ms的积算定时器共4点（T246～T249），对1 ms的脉冲进行累积计数，定时范围为0.001～32.767s。

100ms的定时器共6点（T250～T255），设定值为1～32767，定时范围为0.1～3276.7s。积算定时器的动作过程如图2-2-2所示。

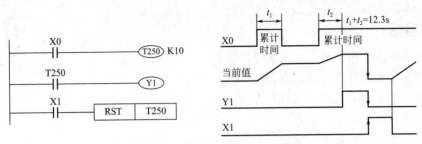

图2-2-2　积算定时器的动作过程示意图

二、计数器

计数器可以对PLC的内部元件如X、Y、M、T、C等进行计数。工作原理是：当计数器的当前值与设定值相等时，计数器的触点将要动作。

FX2N系列计数器主要分为内部计数器和高速计数器两大类。

内部计数器又可分为16位增计数器和32位双向（增减）计数器。计数器的设定值范围：1～32767（16位）和–214783648～+214783647（32位）。

1. 16位增计数器

16位增计数器包括C0～C199共200点，其中C0～C99共100点为通用型；C100～C199共100个点为断电保持型（断电后能保持当前值，待通电后继续计数）。16位计数器其设定值在K1～K32767范围内有效，设定值K0与K1意义相同，均在第一次计数时，其触点动作。16位增计数器的动作示意图如图2-2-3所示。

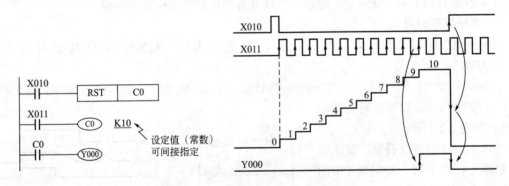

图2-2-3　16位增计数器的动作示意图

在图2-2-3中，X10为计数器C0的复位信号，X11为计数器的计数信号。当X11来第10个脉冲时，计数器C0的当前值与设定值相等，所以C0的常开触点动作，Y0得电。如果X10为ON，则执行RST指令，计数器被复位，C0的输出触点被复位，Y0失电。

2. 32位双向计数器

32位双向计数器包括C200～C234共35点，其中C200～C219共20点为通用型；C220～C234共15点为断电保持型，由于它们可以实现双向增减的计数，故其设定范围为–214783648～+214783647（32位）。

C200～C234是增计数还是减计数，可以分别由特殊的辅助继电器M8200～M8234设定。当对应的特殊的辅助继电器为ON状态时，为减计数；否则为增计数，其使用方法如图

2-2-4所示。

X12控制M8200：X12=OFF时，M8200 =OFF，计数器C200为加计数；X12=ON时，M8200 =ON，计数器C200为减计数。X13为复位计数器的复位信号，X14为计数输入信号。

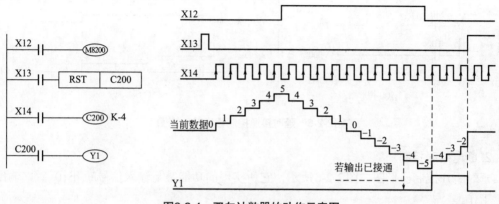

图2-2-4　双向计数器的动作示意图

在图2-2-4中，利用计数器输入X14驱动C200线圈时，可实现增计数或减计数。在计数器的当前值由-5 ～ -4增加时，则输出点Y1接通；若输出点已经接通，则输出点断开。

3. 高速计数器

高速计数器采用中断方式进行计数，与PLC的扫描周期无关。与内部计数器相比除允许输入频率高之外，应用也更为灵活，高速计数器均有断电保持功能，通过参数设定也可变成非断电保持。

元件使用说明如下。

（1）计数器需要通过RST指令进行复位。

（2）计数器的设定值可用常数K，也可用数据寄存器D中的参数。

（3）双向计数器在间接设定参数值时，要用编号紧连在一起的两个数据寄存器。

（4）高速计数器采用中断方式对特定的输入进行计数，与PLC的扫描周期无关。

三、定时器与计数器的应用实例

FX系列PLC的定时器为通电延时定时器，其工作原理是：定时器线圈通电后，开始延时，待定时时间到，触点动作；在定时器的线圈断电时，定时器的触点瞬间复位。

但是在实际应用中常遇到如断电延时、限时控制、长延时等控制要求，其实这些都可以通过程序设计来实现。

1. 通电延时控制

延时接通控制程序如图2-2-5所示，它所实现的控制功能是：X1接通5s后，Y0才有输出。工作原理分析如下。

（1）当X1为ON状态时，辅助继电器M0的线圈接通，其常开触点闭合自锁，可以使定时器T0的线圈一直保持得电状态。

（2）T0的线圈接通5s后，T0的当前值与设定值相等，T0的常开触点闭合，输出继电器Y0的线圈接通。

（3）当X2为ON状态时，辅助继电器M0的线圈断开，定时器T0被复位，T0的常开触点断开，使输出继电器Y0的线圈断开。

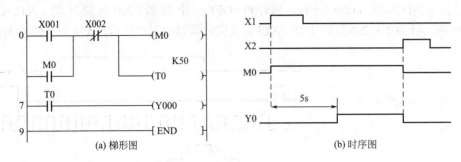

图2-2-5　延时接通控制程序及时序图

2. 断电延时控制

延时断开控制梯形图如图2-2-6所示，它所实现的功能是：输入信号断开10s后，输出才停止工作。

工作原理分析如下。

（1）当X0为ON状态时，辅助继电器M0的线圈接通，其常开触点闭合，输出继电器Y3的线圈接通。但是定时器T0的线圈不会得电（因为其前面$\overset{X000}{\dashv\!\vdash}$是断开状态）。

（2）当X0由ON变为OFF状态时，$\overset{M0}{\dashv\!\vdash}$、$\overset{T0}{\dashv\!\vdash}$和$\overset{X000}{\dashv\!\vdash}$都处于接通状态，定时器T0开始计时。10s后，T0的常闭触点打开，M0的线圈失电，输出继电器Y0断开。

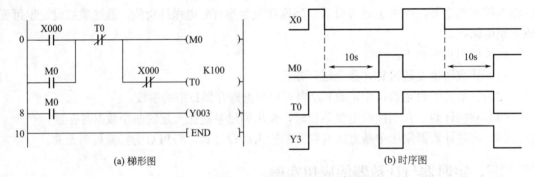

图2-2-6　延时断开控制程序及时序图

3. 限时控制

在实际工程中，常遇到将负载的工作时间限制在规定时间内的控制，可以通过如图2-2-7所示的程序来实现，它所实现的功能是：控制负载的最大工作时间为10s。

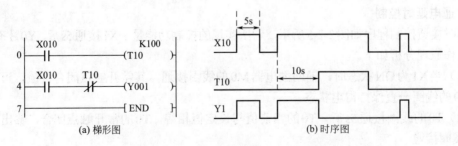

图2-2-7　控制负载的最大工作时间

　　如图2-2-8所示的程序可以实现控制负载的最少工作时间，本程序实现的功能是：输出信号Y2的最少工作时间为10s。

4. 长时间延时控制程序

　　在PLC中，定时器的定时时间是有限的，最大为3276.7s，还不到1 h。要想获得较长时间的定时，可用两个或两个以上的定时器串级实现，或将定时器与计数器配合使用，也可以通过计数器与时钟脉冲配合使用来实现。

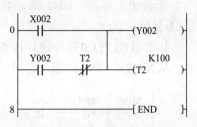

图2-2-8　控制负载的最小工作时间

　　（1）定时器串级使用　定时器串级使用时，其总的定时时间为各个定时器设定时间之和。图2-2-9是用两个定时器完成1.5 h的定时。

图2-2-9　两个定时器串级使用

　　（2）定时器和计数器组合使用　图2-2-10是用一个定时器和一个计数器完成1 h的定时。

　　当X0接通时，M0得电并自锁，定时器T0依靠自身复位产生一个周期为100s的脉冲序列，作为计数器C0的计数脉冲。当计数器计满36个脉冲后，其常开触点闭合，使输出Y0接通。从X0接通到Y0接通，延时时间为100×36 = 3600s，即1 h。

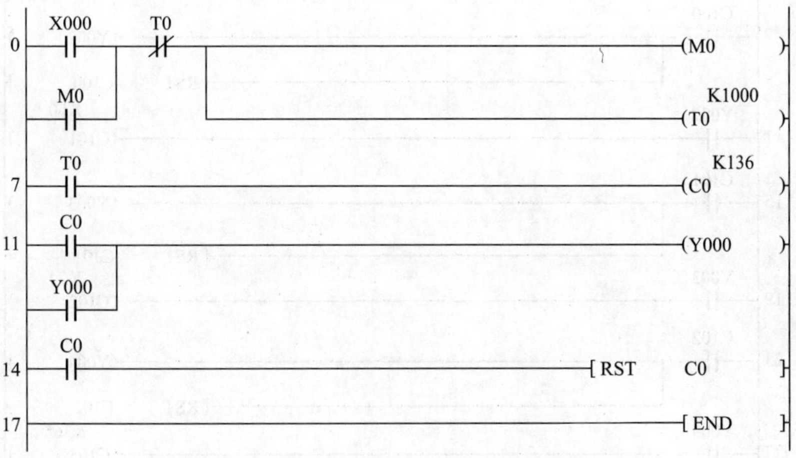

图2-2-10　定时器和计数器组合使用

　　（3）两个计数器组合使用　图2-2-11是用两个计数器完成1 h的定时。

　　以M8013（1s的时钟脉冲）作为计数器C0的计数脉冲。当X0接通时，计数器C0开始计时。

计满60个脉冲（60s）后，其常开触点C0向计数器C1发出一个计数脉冲，同时使计数器C0复位。

计数器C1对C0脉冲进行计数，当计满60个脉冲后，C1的常开触点闭合，使输出Y0接通。从X0接通到Y0接通，定时时间为$60 \times 60 = 3600s$，即1 h。

图2-2-11　两个计数器组合使用

5. 开机累计时间控制程序

PLC运行累计时间控制电路可以通过M8000、M8013和计数器等组合使用，编制秒、分、时、天、年的显示电路。在这里，需要使用断电保持型的计数器（C100 ~ C199），这样才能保证每次开机的累计时间能计时，如图2-2-12所示。

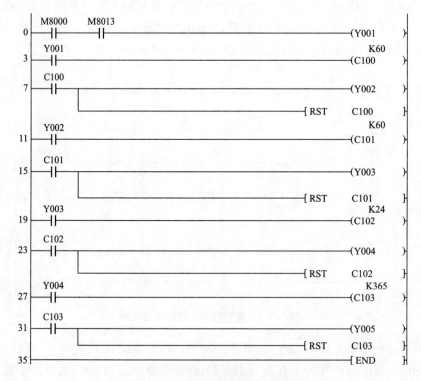

图2-2-12　开机累计时间控制程序

技能实训1

一、实训目标

（1）能够正确绘制电气原理图。

（2）能够正确设计梯形图程序。

（3）能够独立完成电动机的PLC改造星三角降压启动控制线路。

二、实训设备与器材

PLC主机FX2N-32MR、计算机、编程电缆、断路器、熔断器、热继电器、接触器、按钮等电气元件。

三、实训内容

如图2-2-13所示为继电器接触器实现的Y–△降压启动控制，将其用PLC进行改造，具体要求是：按下启动按钮，先进行Y降压启动，时间为5s，启动结束后，定子绕组接成△运行；按下停止按钮，电动机停止转动。

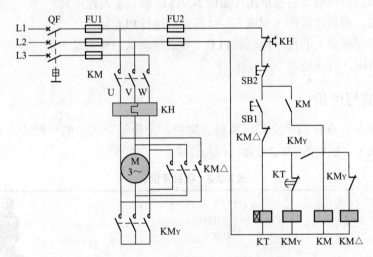

图2-2-13 Y–△降压启动控制线路图

四、操作步骤

（1）I/O地址通道分配，见表2-2-1。

表2-2-1 I/O分配表

输 入			输 出		
作用	输入元件	输入点	输出点	输出元件	作用
启动按钮	SB1	X1	Y1	KM1	主交流接触器
停止按钮	SB2	X2	Y2	KM2	Y交流接触器
			Y3	KM2	△交流接触器

（2）PLC接线图，如图2-2-14所示。

（3）PLC控制程序，如图2-2-15所示。

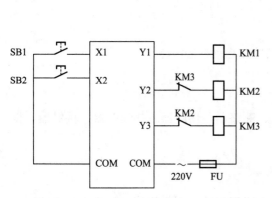

图2-2-14　Y–△降压启动控制PLC接线图　　　　图2-2-15　Y–△降压启动控制梯形图

（4）安装与调试。

①程序录入。根据编写的梯形图（如图2-2-15所示）录入程序。

②PLC接线。根据接线图（如图2-2-14所示）进行PLC接线。

③运行调试。将录入的程序传送到PLC，并进行调试，检查是否能完成控制要求，直至运行符合控制要求方为成功。

五、总结与评价

以小组为单位，选择演示文稿、展板、海报、录像等形式中的一种或几种，向全班展示、汇报学习成果，根据表2-2-2进行总结与评价。

表2-2-2　项目评价表

班级：_____　　　　　　　　　指导教师：_____
小组：_____
姓名：_____　　　　　　　　　日期：_____

评价项目	评价标准	评价依据	评价方式			权重	得分小计
			学生自评 20%	小组互评 30%	教师评价 50%		
职业素养	1. 遵守企业规章制度、劳动纪律 2. 按时按质完成工作任务 3. 积极主动承担工作任务，勤学好问 4. 人身安全与设备安全	1. 出勤 2. 工作态度 3. 劳动纪律 4. 团队协作精神				0.6	
创新能力	1. 在任务完成过程中能提出自己的有一定见解的方案 2. 在教学或生产管理上提出建议，具有创新性	1. 方案的可行性及意义 2. 建议的可行性				0.4	
合计							

技能实训2

一、实训目标

（1）能够正确绘制电气原理图。
（2）能够正确设计梯形图程序。
（3）能够独立完成报警系统的控制线路。

二、实训设备与器材

PLC主机FX2N-32MR、计算机、编程电缆、蜂鸣器、指示灯、按钮等电气元件。

三、实训内容

设备在运行中，如果出现异常情况，则会发出声光报警。假设当条件X1=ON时满足条件，则蜂鸣器鸣叫，同时报警灯连续闪烁15次，每次亮3s，灭2s，此后停止声光报警。

四、操作步骤

（1）I/O地址通道分配，见表2-2-3。

表2-2-3　I/O分配表

输　入			输　出		
作用	输入元件	输入点	输出点	输出元件	作用
报警用开关	SQ1	X1	Y0	蜂鸣器	声音报警
			Y1	指示灯	光报警

（2）PLC接线图，如图2-2-16所示。

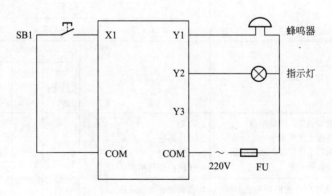

图2-2-16　声光报警系统PLC接线图

（3）编制梯形图，如图2-2-17所示。

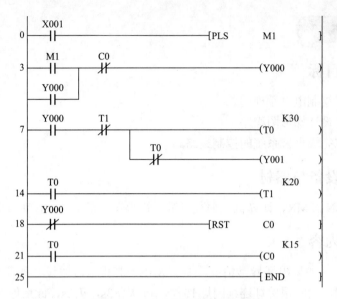

图2-2-17　声光报警电路梯形图

（4）安装与调试。

①程序录入。根据编写的梯形图（如图2-2-17所示）录入程序。

②PLC接线。根据接线图（如图2-2-16所示）进行PLC接线。

③运行调试。将录入的程序传送到PLC，并进行调试，检查是否能完成控制要求，直至运行符合控制要求方为成功。

五、总结与评价

以小组为单位，选择演示文稿、展板、海报、录像等形式中的一种或几种，向全班展示、汇报学习成果，根据表2-2-4进行总结与评价。

表2-2-4　项目评价表

班级：＿＿＿＿＿＿ 小组：＿＿＿＿＿＿ 姓名：＿＿＿＿＿＿			指导教师：＿＿＿＿＿＿＿＿＿＿ 日期：＿＿＿＿＿＿＿＿＿＿				
评价项目	评价标准	评价依据	评价方式			权重	得分小计
			学生自评 20%	小组互评 30%	教师评价 50%		
职业素养	1. 遵守企业规章制度、劳动纪律 2. 按时按质完成工作任务 3. 积极主动承担工作任务，勤学好问 4. 人身安全与设备安全	1. 出勤 2. 工作态度 3. 劳动纪律 4. 团队协作精神				0.6	
创新能力	1. 在任务完成过程中能提出自己的有一定见解的方案 2. 在教学或生产管理上提出建议，具有创新性	1. 方案的可行性及意义 2. 建议的可行性				0.4	
合计							

技能实训3

一、实训目标

（1）能够正确绘制电气原理图。

（2）能够正确设计梯形图程序。

（3）能够独立完成运料小车控制系统。

二、实训设备与器材

PLC主机FX2N-32MR、计算机、编程电缆、接触器、行程开关、按钮等电气元件。

三、实训内容

在自动化生产线上，常会使用运料小车，如图2-2-18所示。其控制要求如下：小车开始停在左侧限位开关SQ2处，按下启动按钮SB1，开始装料，装料时间为20s，装料结束后小车右行，碰到右限位开关SQ1，开始卸料，经过10s后，小车自动左行，碰到左限位开关后，停止运行。

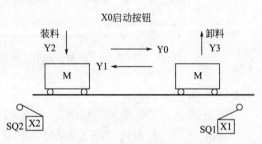

图2-2-18　运料小车控制示意图

四、操作步骤

（1）I/O地址通道分配，见表2-2-5。

表2-2-5　I/O分配表

输　入			输　出		
作用	输入元件	输入点	输出点	输出元件	作用
启动按钮	SB1	X0	Y0	KM1	正转用接触器
停止按钮	SB2	X3	Y1	KM2	反转用接触器
右限位开关	SQ1	X1	Y2	KM3	装料用接触器
左限位开关	SQ2	X2	Y3	KM4	卸料用接触器

（2）PLC接线图，如图2-2-19所示。

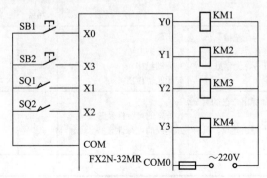

图2-2-19　运料小车PLC接线图

（3）编制梯形图，如图2-2-20所示。

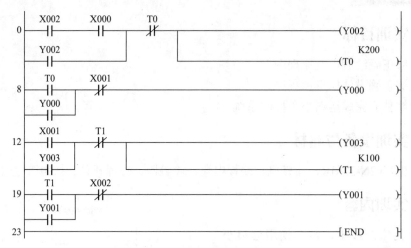

图2-2-20　运料小车控制梯形图

（4）安装与调试。

①程序录入。根据编写的梯形图（如图2-2-20所示）录入程序。

②PLC接线。根据接线图（如图2-2-19所示）进行PLC接线。

③运行调试。将录入的程序传送到PLC，并进行调试，检查是否能完成控制要求，直至运行符合控制要求方为成功。

五、总结与评价

以小组为单位，选择演示文稿、展板、海报、录像等形式中的一种或几种，向全班展示、汇报学习成果，根据表2-2-6进行总结与评价。

表2-2-6　项目评价表

班级：_____ 小组：_____ 姓名：_____		指导教师：_____ 日期：_____					
评价项目	评价标准	评价依据	评价方式			权重	得分小计
			学生自评20%	小组互评30%	教师评价50%		
职业素养	1.遵守企业规章制度、劳动纪律 2.按时按质完成工作任务 3.积极主动承担工作任务，勤学好问 4.人身安全与设备安全	1.出勤 2.工作态度 3.劳动纪律 4.团队协作精神				0.6	
创新能力	1.在任务完成过程中能提出自己的有一定见解的方案 2.在教学或生产管理上提出建议，具有创新性	1.方案的可行性及意义 2.建议的可行性				0.4	
合计							

项目三
三菱FX系列PLC的顺序控制

任务一　学习单序列顺序控制

知识目标

（1）理解单序列顺序控制。

（2）学会编辑顺控程序的设计思维与方法。

（3）学会将工艺流程图转化为顺序功能图。

（4）学会根据单序列顺序功能图设计梯形图。

能力目标

（1）培养学生查阅资料、自我学习的能力。

（2）培养学生独立思考的能力。

（3）培养学生解决工程问题的能力。

（4）培养学生团队合作能力。

（5）培养学生创新意识与能力。

素质目标

培养学生安全意识、文明生产意识。

基础知识

一、顺序控制概述

顺序控制是一种先进的设计方法，容易被初学者接受，也会极大地提高设计效率，并且程序的修改、调试和阅读都很方便。那么，什么是顺序控制呢？顺序控制，就是按照生产工艺预先设定的顺序，在各个输入信号的作用下，根据内部状态和时间的顺序，生产过程的各个执行机构自动有序地进行操作。使用顺序控制编程具有以下优点。

（1）在程序中可以直观地看到设备的动作顺序。SFC程序是按照设备（或工艺）的动作顺序而编写，所以程序的规律性较强，容易读懂，具有一定的可视性。

（2）在设备发生故障时能很容易地找出故障所在位置。

（3）不需要复杂的互锁电路，更容易设计和维护系统。

在实际应用中，利用顺序控制设计法编程的步骤大致可分为以下三步。

（1）详细分析系统的工艺过程。

（2）画出顺序功能图（SFC）。

（3）根据顺序功能图画出梯形图。

二、单序列顺序控制

以上述项目中的"运料小车"控制为例来学习单序列顺序控制的编程方法，如图3-1-1所示。

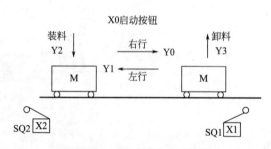

图3-1-1　运料小车运行示意图

1. 分析工艺过程

通过对系统的工艺过程的分析，将整个控制任务大致可分为"装料→右行→卸料→左行"四个工序，每个工序都有明确的任务。例如在装料这个工序中，需要驱动输出继电器Y2，并进行20s的延时控制。每个工序完成后，要转到下一个工序，是需要一定的条件的，例如：装料完成的条件是20s的延时时间到，同时也是转换到"右行"工序的条件。

2. 画出顺序功能图

根据对系统工艺过程的分析，可以画出顺序控制的顺序功能图，如图3-1-2所示。

如图3-1-2所示为运料小车的顺序功能图，它由步、有向连线、转换及转换条件和动作（或命令）四个部分组成。

（1）步　顺序控制的思想，就是把一个控制系统的工作周期分为几个顺序相连的工序，这些工序就称为"步"，步可以用编程软元件M或S来表示。

"步"是控制系统中的一个相对稳定的状态，步的划分原则是：根据输出量的状态变化来划分，也就是说在任何一步内，各个输出量的ON/OFF状态不变，但相邻步的输出量的状态是不同的。顺序功能图中的"步"分为初始步和活动步。

①初始步。与系统的初始状态相对应的步称为初始步。初始状态是系统运行的起点，初

始步用双线框表示，如 $\boxed{\text{M0}}$ ，每一个顺序功能图至少有一个初始步。

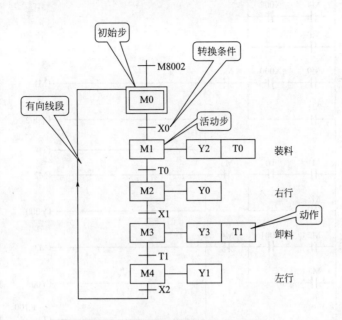

图3-1-2 运料小车控制的顺序功能图

②活动步。当系统正处于某一步所在的阶段时，该步就处于活动状态，把该步称为"活动步"，用矩形框表示，如 $\boxed{\text{M1}}$ 。步处于活动状态时，后面的动作将被执行；步处于不活动状态时，后面的动作被停止（存储型动作除外）。

（2）有向线段　步与步之间的有向线段用来表示步的活动状态和进展方向。从上到下和从左到右这两个方向上的箭头可以省略，其他方向上必须加上箭头用来注明步的进展方向。

（3）转换及转换条件　转换是垂直于有向线段的短划线，其作用是将相邻的两步分开。转换旁边要注明转换条件，它是与转换有关的逻辑命题，转换条件可以用文字语言、布尔代数表达式或图形符号进行标注。转换条件可以为一个，也可为多个的逻辑组合。

（4）动作（或命令）　一个步表示控制过程中的稳定状态，它可以对应一个或多个动作。可以在步右边加一个矩形框，在框中用简明的文字说明该步对应的动作。一个步可以有一个或多个动作。

绘制功能图应该注意的几个问题如下。

（1）两个步之间必须用转换隔开，两个步绝对不可直接相连。

（2）两个转换必须用一个步隔开，两个转换也不能相连。

（3）系统必须有等待系统启动的初始状态。

（4）在顺序功能图中，只有当某一步的前级步是活动的，转换条件又满足时，这一步才能变为活动步，同时其前级步变为不活动步。

3. 编制梯形图

利用"启 - 保 - 停"的思路将顺序功能图转换成梯形图。如图3-1-3所示为运料小车控制的梯形图。

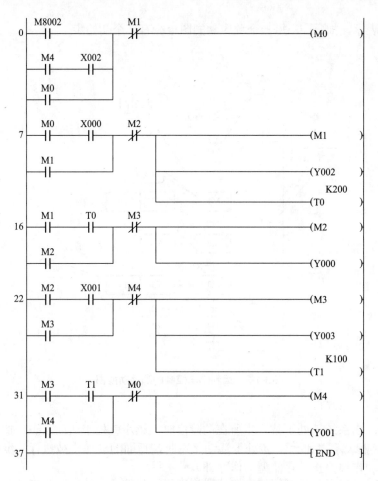

图3-1-3 运料小车控制的梯形图

技能实训

一、实训目标

（1）能够正确绘制电气原理图。

（2）能够正确设计梯形图程序。

（3）能够独立完成电动机的星三角控制线路并正确调试。

二、实训设备与器材

PLC主机FX2N-32MR、计算机、编程电缆、断路器、熔断器、热继电器、接触器、按钮等电气元件。

三、实训内容

按下启动按钮SB1，KMY接触器得电，电动机的定子绕组接成Y形，同时KM得电，电动机进行降压启动；5s之后，KMY接触器断开，KM△接触器接通，使电动机的定子绕组接成△运行；按下按钮SB2，电动机停止运转。

四、操作步骤

（1）I/O地址通道分配，见表3-1-1。

表3-1-1　I/O分配表

输　　入			输　　出		
作用	输入元件	输入点	输出点	输出元件	作用
启动按钮	SB1	X1	Y1	KM1	主交流接触器
停止按钮	SB2	X2	Y2	KM2	Y交流接触器
			Y3	KM2	△交流接触器

（2）PLC接线图如图2-2-14所示。

（3）画出顺序功能图，如图3-1-4所示。

（4）写出梯形图。Y-△降压启动顺序控制的梯形图如图3-1-5所示。

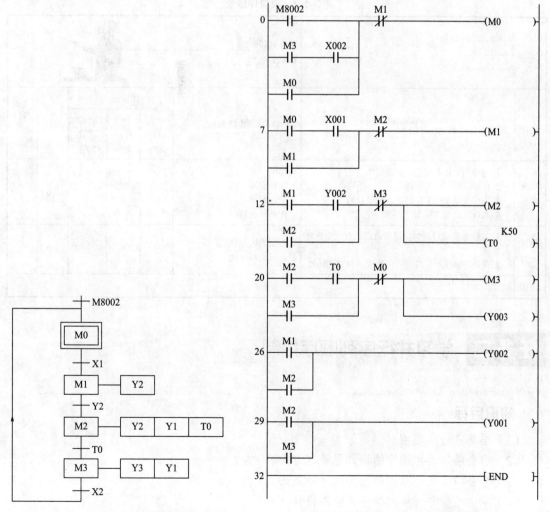

图3-1-4　Y-△降压启动控制顺序功能图　　　图3-1-5　Y-△降压启动控制顺序梯形图

在梯形图3-1-5中，发现为了解决双线圈输出问题，采用条件合并的方式来解决。例如在M2、M3这两步都有Y1这个动作出现，没有在每一步里都出现"Y1"，而是采用如图3-1-6所示的形式，将两步的条件并列去控制一个输出"Y1"。

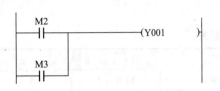

图3-1-6 梯形图中避免"双线圈输出"的方法

（5）安装与调试。

①程序录入。根据编写的梯形图（如图3-1-6所示）录入程序。

②PLC接线。根据接线图（如图2-2-14所示）进行PLC接线。

③运行调试。将录入的程序传送到PLC，并进行调试，检查是否能完成控制要求，直至运行符合控制要求方为成功。

五、总结与评价

以小组为单位，选择演示文稿、展板、海报、录像等形式中的一种或几种，向全班展示、汇报学习成果，根据表3-1-2进行总结与评价。

表3-1-2 项目评价表

班级：_____ 小组：_____ 姓名：_____		指导教师：_____ 日期：_____					
评价 项目	评价标准	评价依据	评价方式			权重	得分 小计
			学生 自评 20%	小组 互评 30%	教师 评价 50%		
职业 素养	1. 遵守企业规章制度、劳动纪律 2. 按时按质完成工作任务 3. 积极主动承担工作任务，勤学好问 4. 人身安全与设备安全	1. 出勤 2. 工作态度 3. 劳动纪律 4. 团队协作精神				0.6	
创新 能力	1. 在任务完成过程中能提出自己的有一定见解的方案 2. 在教学或生产管理上提出建议，具有创新性	1. 方案的可行性及意义 2. 建议的可行性				0.4	
合计							

任务二　学习并行序列顺序控制

知识目标

（1）理解并行序列控制。

（2）学会编辑顺控程序的设计思维与方法。

（3）学会将工艺流程图转化为顺序功能图。

（4）学会根据并行序列顺序功能图设计梯形图。

能力目标

（1）培养学生查阅资料、自我学习的能力。

（2）培养学生独立思考的能力。

（3）培养学生解决工程问题的能力。

（4）培养学生团队合作能力。

（5）培养学生创新意识与能力。

素质目标

培养学生安全意识、文明生产意识。

基础知识

所谓并行序列，就是在同一转移条件下同时转向几个分支，在执行完各自不同的分支后，再汇合到同一分支。其顺序功能图如图3-2-1所示。在图中，用水平双线来表示并行分支，上面一条表示并行分支的开始，下面一条表示并行分支的结束。

在图3-2-1中，M0下面有两个分支，当转移条件X1满足时，M1、M3将同时接通，两个分支将并行运行。当状态M1、M3接通时，M0就自动复位。

M5为分支的汇合状态。当两条分支都执行到各自的最后状态时，M2和M4会同时接通。此时，若转移条件X3接通，将一起转入汇合状态M5。一旦状态M5接通，前一状态M2和M4就自动复位。其梯形图如3-2-2所示。

并行序列的编程与一般状态的编程一样，也是先进行负载驱动，后进行转移处理；转移处理时从左到右依次进行。无论是从分支状态向各个流程分支并行转移时，还是从各个分支状态向汇合状态同时汇合时，都要正确使用这些规则。

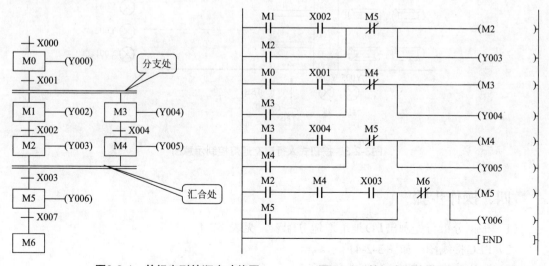

图3-2-1　并行序列的顺序功能图　　　　图3-2-2　并行序列的梯形图

技能实训

一、实训目标

（1）能够正确绘制电气原理图。

（2）能够正确设计顺序功能图。

（3）能够正确编制梯形图程序。

（4）能够独立完成交通灯的控制线路并正确调试。

二、实训设备与器材

PLC主机FX2N-32MR、计算机、编程电缆、断路器、熔断器、热继电器、接触器、按钮等电气元件。

三、实训内容

按钮式人行道交通灯控制如图3-2-3所示，要求如下：正常情况下，汽车通行，主干道绿灯亮（Y3），人行道红灯亮（Y5）；当有行人要过马路时，可按下按钮X1或X2，则主干道交通绿灯亮7s→黄灯（Y2）亮4s→红灯亮20s，当主干道的红灯亮（Y1）时，人行道则从红灯亮转为绿灯亮（Y6），15s后，人行道绿灯开始闪烁，闪烁5s后转入初始状态：主干道绿灯亮，人行道红灯亮。

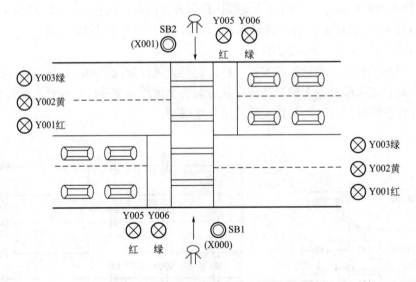

图3-2-3　按钮式人行道交通灯控制示意图

四、操作步骤

（1）根据分析首先画出I/O地址通道分配表，见表3-2-1。

（2）PLC接线图，如图3-2-4所示。

（3）画出顺序功能图，如图3-2-5所示。

表3-2-1　I/O分配表

输　入			输　出		
作用	输入元件	输入点	输出点	输出元件	作用
启动	SB1	X0	Y1	HL1	主干道红灯
启动	SB2	X1	Y2	HL2	主干道黄灯
			Y3	HL3	主干道绿灯
			Y5	HL5	人行道红灯
			Y6	HL6	人行道绿灯

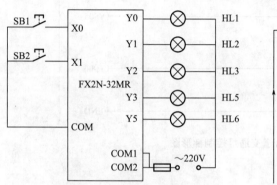

图3-2-4　交通灯PLC接线图

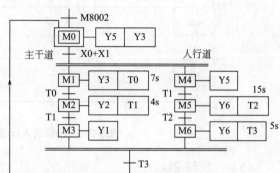

图3-2-5　按钮式人行道交通灯控制顺序功能图

（4）画出梯形图。根据顺序功能图画出梯形图，如图3-2-6所示。

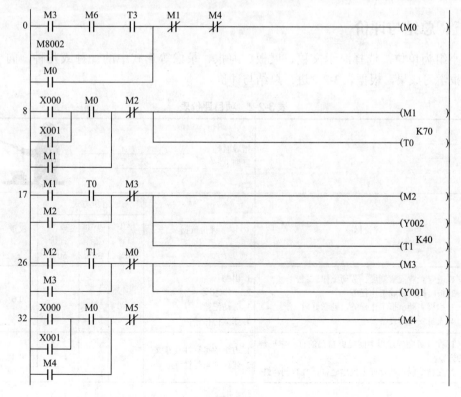

图3-2-6

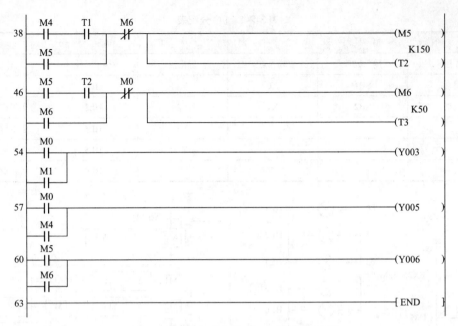

图3-2-6 按钮式人行道交通灯控制梯形图

（5）安装与调试。

①程序录入。根据编写的梯形图（如图3-2-6所示）录入程序。

②PLC接线。根据接线图（如图3-2-4所示）进行PLC接线。

③运行调试。将录入的程序传送到PLC，并进行调试，检查是否完成了控制要求。

五、总结与评价

以小组为单位，选择演示文稿、展板、海报、录像等形式中的一种或几种，向全班展示、汇报学习成果，根据表3-2-2进行总结与评价。

表3-2-2 项目评价表

班级：____ 小组：____ 姓名：____		指导教师：____ 日期：____					
评价项目	评价标准	评价依据	评价方式			权重	得分小计
			学生自评 20%	小组互评 30%	教师评价 50%		
职业素养	1. 遵守企业规章制度、劳动纪律 2. 按时按质完成工作任务 3. 积极主动承担工作任务，勤学好问 4. 人身安全与设备安全	1. 出勤 2. 工作态度 3. 劳动纪律 4. 团队协作精神				0.6	
创新能力	1. 在任务完成过程中能提出自己的有一定见解的方案 2. 在教学或生产管理上提出建议，具有创新性	1. 方案的可行性及意义 2. 建议的可行性				0.4	
合计							

任务三 学习选择序列顺序控制

知识目标

（1）理解选择列顺序控制。
（2）学会编辑顺控程序的设计思维与方法。
（3）学会将工艺流程图转化为顺序功能图。
（4）学会根据选择序列顺序功能图设计梯形图。

能力目标

（1）培养学生查阅资料、自我学习的能力。
（2）培养学生独立思考的能力。
（3）培养学生解决工程问题的能力。
（4）培养学生团队合作能力。
（5）培养学生创新意识与能力。

素质目标

培养学生安全意识、文明生产意识。

基础知识

选择结构的顺序功能图，要按不同转移条件选择转向不同分支，执行不同分支后再根据不同转移条件汇合到同一分支，如图3-3-1所示。

选择结构的编程与一般编程一样，也必须遵循前面所介绍的各种规则。无论是从分支状态向各个流程分支转移时，还是从各个分支状态向汇合状态汇合时，都要正确使用这些规则。

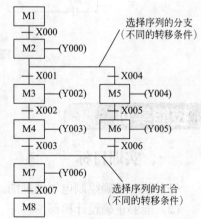

图3-3-1 选择序列的顺序功能图

在图3-3-1中，M2称为分支状态，它下面有两个分支，根据不同的转移条件X001和X004来选择转向其中的哪一个分支，这两个分支不能同时被选中。当X001接通时，状态将转移到M3；而当X004接通时，状态将转移到M5，所以转移条件X001和X004不能同时闭合。当状态M3或M5接通中有任何一个接通时，M2就将自动被复位。

在图3-3-1中，M7称为选择分支的汇合状态，状态M4或M6根据各自的转移条件X003或X006向汇合状态转移。一旦状态M7接通，前一状态M4或M6就会被自动复位。

将选择结构的顺序功能图转换为梯形图时，关键是对分支和汇合状态的处理，对图

3-3-1所示的顺序功能图进行梯形图的转换，如图3-3-2所示。

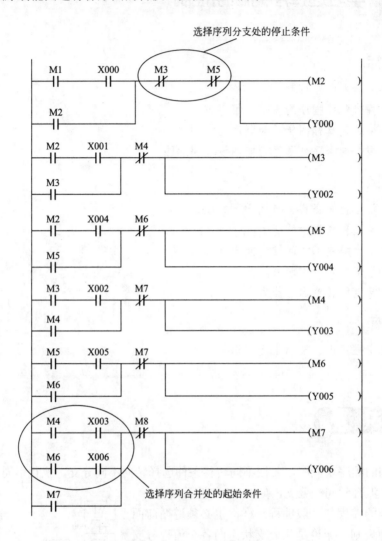

图3-3-2　选择序列的梯形图

技能实训

一、实训目标

（1）能够正确绘制电气原理图。

（2）能够正确设计梯形图程序。

（3）能够独立完成自动包装生产线的控制线路并正确调试。

二、实训设备与器材

PLC主机FX2N-32MR、计算机、编程电缆、断路器、熔断器、热继电器、接触器、按钮、光电开关等电气元件。

三、实训内容

在自动包装生产线上，常遇到以下的控制要求：按下启动按钮，传送带1运动并带动产品移动，到达传送带2时进行计数包装。包装共分两类，由主令开关SA选择，SA在1位为6只的小包装；SA在2位为12只的大包装。计数信号由光电开关采样输入，达到计数值传送带1停止运动，传送带2自动启动。3s后传送带1启动，传送带2停止，开始第下一个循环。

四、操作步骤

（1）根据分析首先画出I/O地址通道分配表，见表3-3-1。

表3-3-1　I/O分配表

输　入			输　出		
作　用	输入元件	输入点	输出点	输出元件	作　用
启动	SB1	X0	Y0	KM1	传送带1
光电开关	ST	X1	Y1	KM2	传送带2
大包装信号	SA-1	X2			
小包装信号	SA-2	X3			
停止按钮	SB2	X4			

（2）画出顺序功能图。顺序功能图如图3-3-3所示。

（3）根据顺序功能图画出梯形图。自动包装线控制的顺序功能图如图3-3-4所示。

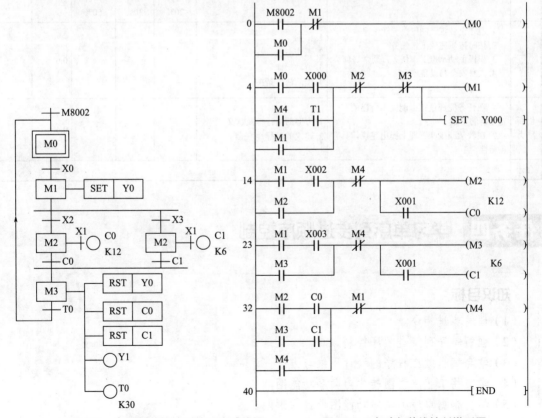

图3-3-3　自动包装线控制的顺序功能图　　　图3-3-4　自动包装线控制梯形图

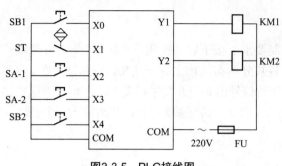

图3-3-5　PLC接线图

（4）安装与调试。

①程序录入。根据编写的梯形图（如图3-3-4所示）录入程序。

②PLC接线。根据接线图（如图3-3-5所示）进行PLC接线。

③运行调试。将录入的程序传送到PLC，并进行调试，检查是否完成了控制要求。

五、总结与评价

以小组为单位，选择演示文稿、展板、海报、录像等形式中的一种或几种，向全班展示、汇报学习成果，根据表3-3-2进行总结与评价。

表3-3-2　项目评价表

班级：＿＿＿＿＿＿　小组：＿＿＿＿＿＿　姓名：＿＿＿＿＿＿		指导教师：＿＿＿＿＿＿＿＿＿＿＿＿　日期：＿＿＿＿＿＿＿＿＿＿＿＿					
评价项目	评价标准	评价依据	评价方式			权重	得分小计
			学生自评20%	小组互评30%	教师评价50%		
职业素养	1. 遵守企业规章制度、劳动纪律 2. 按时按质完成工作任务 3. 积极主动承担工作任务，勤学好问 4. 人身安全与设备安全	1. 出勤 2. 工作态度 3. 劳动纪律 4. 团队协作精神				0.6	
创新能力	1. 在任务完成过程中能提出自己的一定见解的方案 2. 在教学或生产管理上提出建议，具有创新性	1. 方案的可行性及意义 2. 建议的可行性				0.4	
合计							

任务四　学习单序列步进顺序控制

知识目标

（1）理解步进指令。

（2）理解单序列步进顺序控制。

（3）学会编辑顺控程序的设计思维与方法。

（4）学会将工艺流程图转化为顺序功能图。

（5）学会根据单序列顺序功能图设计梯形图。

基础知识

一、步进指令STL、RET

在顺序控制中，"步"可以用M或S来表示，当"步"用状态继电器S表示时，需要配合步进指令来使用。FX2N系列PLC的步进指令有两条：STL（步进接点指令）和RET（步进返回指令）。

（1）STL为步进接点指令，其功能是将步进接点接到左母线。

STL指令的操作元件是状态继电器S，记作⊣⊦S20。步进接点只有常开触点，没有常闭触点。当步进接点接通时，将左母线移到新的临时位置，即移到步进接点右边，产生一个临时的左母线。这样，与步进接点相连的逻辑行就可以执行，可以采用基本指令写出其指令语句表。

（2）RET是步进返回指令，其功能是用来复位STL指令的，使临时左母线返回到原先左母线的位置。RET指令没有操作元件。

STL和RET指令只有与状态继电器S配合使用才能具有步进功能。

状态继电器的共分为五类，主要功能如下。

（1）初始状态继电器S0 ～ S9共10点。

（2）回零状态继电器S10 ～ S19共10点。

（3）通用状态继电器S20 ～ S499共480点。

（4）具有断电保持功能的状态继电器S500 ～ S899共400点。

（5）供报警用的状态继电器S900 ～ S999共100点。

在这里，使用前四种状态继电器来表示顺序控制里的各步。

STL、RET指令的应用如图3-4-1所示。

步进指令的使用说明：

（1）STL指令的状态继电器S的常开触点称为STL触点，是"胖"触点。步进触点只有常开触点，而没有常闭触点，用⊣⊦表示，与左侧母线相连。

（2）状态继电器使用时可以按编号顺序使用，也可以任意选择使用，但是不允许重复使用。

（3）与STL触点相连的触点应用LD或LDI指令，只有执行完RET后才返回到最初的左母线。

（4）只有步进触点闭合时，它后面的电路才能动作。如果步进触点断开则其后面的电路将全部断开。但是在1个扫描周期以后，不再执行指令。

（5）STL触点可直接驱动或通过别的触点驱动Y、M、S、T、C等元件的线圈。当前状态可由单个触点作为转移条件，也可由多个触点的组合作为转移条件。

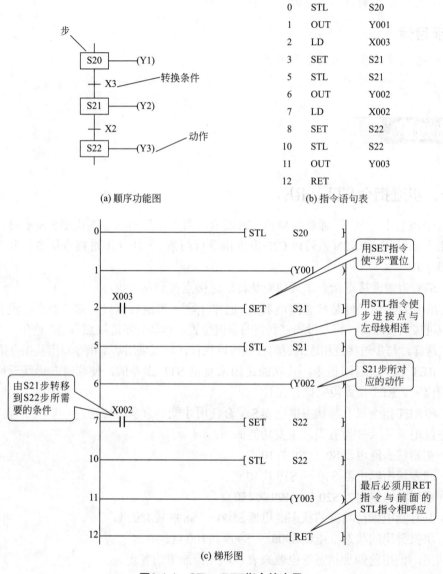

图3-4-1　STL、RET指令的应用

（6）由于PLC只执行活动步对应的电路块，故使用STL指令时允许双线圈输出（步进顺序控制在不同的步可多次驱动同一线圈）。

（7）STL触点驱动的电路块中不能使用MC和MCR指令，但可以用CJ指令。

（8）在中断程序和子程序内，不能使用STL指令。

二、单序列步进顺序控制

单序列步进顺序控制结构图如图3-1-2 运料小车控制的顺序功能图，可以看到，程序的运行方向为从上到下，没有分支，运行到最后一步，再返回到初始状态。这种没有任何分支的顺序控制结构称为单序列结构。

使用步进指令编程时，一般需要下面几个具体的步骤。

（1）分析系统工艺要求，画出I/O分配表。

（2）根据控制要求或加工工艺要求，画出顺序功能图。

（3）根据顺序功能图，画出相应的梯形图。

（4）输入程序，根据控制要求进行调试。

技能实训

一、实训目标

（1）能够正确绘制电气原理图。

（2）能够正确设计梯形图程序。

（3）能够独立完成多种液体混合装置控制线路并正确调试。

二、实训设备与器材

PLC主机FX2N-32MR、计算机、编程电缆、断路器、熔断器、热继电器、接触器、按钮等电气元件。

三、实训内容

在化工行业经常会涉及多种液体的混合问题。如图3-4-2所示为液料混合装置。上、中、下限位传感器在其各自被液体淹没时为ON，否则为OFF。电磁阀YV1、YV2、YV3，当其线圈通电时打开，线圈断电时关闭。开始容器是空的，电磁阀均处于关闭状态，传感器为OFF状态。

按下启动按钮，打开阀YV1，液体A流入容器中，限位开关SQ3变为ON时，关闭阀YV1，打开阀YV2，液体B流入容器，当液位到达限位开关SQ3时，关闭阀YV2，打开阀YV3，液体C流入容器，当液位到达限位开关SQ1时，关闭阀YV3，搅拌电动机开始运行，搅动液体60s后停止搅拌，打开阀YV4，放出混合液，当液面降至限位开关SQ4后再过5s，关闭阀

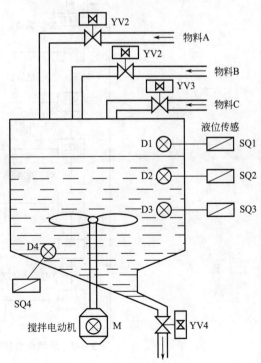

图3-4-2　液料混合装置示意图

YV4，系统回到初始状态。

四、操作步骤

（1）分析系统工艺要求，画出I/O地址通道分配表，见表3-4-1。

根据控制要求，液料混合的过程控制属于单序列顺序控制，可以将整个过程分为以下几个步骤：

初始状态→液体A流入→液体B流入→液体C流入→搅动液体→放出混合液体→计时5s→停止在初始状态。

表3-4-1   I/O分配表

输 入			输 出		
作用	输入元件	输入点	输出点	输出元件	作用
高限位开关	SQ1	X1	Y1	YV1	液料A电磁阀
中限位开关	SQ2	X2	Y2	YV2	液料B电磁阀
低限位开关	SQ3	X3	Y3	YV3	液料C电磁阀
下限位开关	SQ4	X4	Y4	YV4	放料阀
启动按钮	SB1	X5	Y5	KM1	搅拌电动机M
停止按钮	SB2	X6			

（2）画出顺序功能图。液料混合控制的单序列顺序功能图如图3-4-3所示。

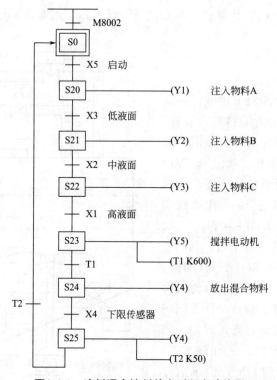

图3-4-3   液料混合控制单序列顺序功能图

（3）根据顺序功能图，画出相应的梯形图。液料混合控制的梯形图如图3-4-4所示。

（4）输入程序，进行调试。

将程序输入，然后进行程序调试。调试过程中要注意各动作顺序，每次操作都要注意监控观察各输出和相关的定时器（T1和T2的变化），检查是否实现了液料混合系统所要求的液体混合、搅拌和放出功能。

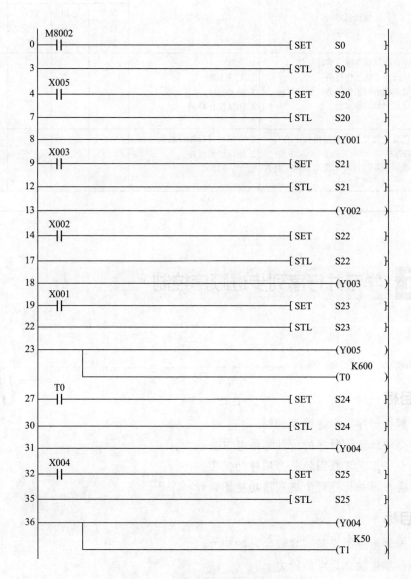

图3-4-4　液料混合控制的梯形图

五、总结与评价

以小组为单位，选择演示文稿、展板、海报、录像等形式中的一种或几种，向全班展示、汇报学习成果，根据表3-4-2进行总结与评价。

表3-4-2　项目评价表

评价项目	评价标准	评价依据	评价方式			权重	得分小计
			学生自评 20%	小组互评 30%	教师评价 50%		
职业素养	1. 遵守企业规章制度、劳动纪律 2. 按时按质完成工作任务 3. 积极主动承担工作任务，勤学好问 4. 人身安全与设备安全	1. 出勤 2. 工作态度 3. 劳动纪律 4. 团队协作精神				0.6	
创新能力	1. 在任务完成过程中能提出自己的有一定见解的方案 2. 在教学或生产管理上提出建议，具有创新性	1. 方案的可行性及意义 2. 建议的可行性				0.4	
合计							

班级：＿＿＿＿＿＿
小组：＿＿＿＿＿＿
姓名：＿＿＿＿＿＿

指导教师：＿＿＿＿＿＿＿＿＿＿
日期：＿＿＿＿＿＿＿＿＿＿

任务五　学习并行序列步进顺序控制

知识目标

（1）理解并行序列步进顺序控制。

（2）学会编辑顺控程序的设计思维与方法。

（3）学会将工艺流程图转化为顺序功能图。

（4）学会根据并行序列步进顺序功能图设计梯形图。

能力目标

（1）培养学生查阅资料、自我学习的能力。

（2）培养学生独立思考的能力。

（3）培养学生解决工程问题的能力。

（4）培养学生团队合作能力。

（5）培养学生创新意识与能力。

素质目标

培养学生安全意识、文明生产意识。

基础知识 🖱

　　如图3-5-1所示为并行序列的结构。图（a）为并行序列的分支，图（b）为并行序列的合并。在图（a）中，用双线表示并行序列的合并，如果3为活动步，且转换条件C成立，则双线下面的4、6、8三步同时变为活动步，这三步被激活后，每一个序列接下来的转换都是独立的。

　　在图（b）中，用双线表示并行序列的合并，转换条件放在双线之下。当双线上的所有前级步5、7、9都为活动步，当步5、7、9的顺序动作全部执行完成后，且转换条件d成立，才能使转换实现，步10变为活动步，而步5、7、9同时变为不活动步。

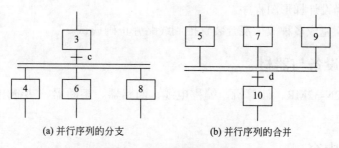

(a) 并行序列的分支　　　　　　(b) 并行序列的合并

图3-5-1　并行序列的结构

　　图3-5-2为并行序列的顺序功能图，其对应的梯形图和指令语句表如图3-5-3所示。

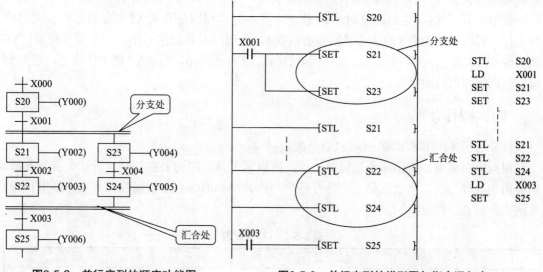

图3-5-2　并行序列的顺序功能图　　　**图3-5-3　并行序列的梯形图与指令语句表**

- -

【操作提示】

　　用步进指令书写并行序列结构的梯形图时要注意：

①分支处：当 S20 是活动步，X1条件又满足时，同时转向 S21 和 S23 两步。

②在汇合处：只有当 S22 和 S24 两步同时为活动步，并且X3条件又满足时才能转换到下一步，而步S22和S24同时变为不活动步。

技能实训

一、实训目标

（1）能够正确绘制电气原理图。

（2）能够正确设计梯形图程序。

（3）能够独立完成多种液体混合装置控制线路并正确调试。

二、实训设备与器材

PLC主机FX2N-32MR、计算机、编程电缆、断路器、熔断器、热继电器、接触器、按钮等电气元件。

三、实训内容

某组合钻床可用来加工圆盘状零件上分布的6个孔。操作人员先放好工件，按下启动按钮工件被加紧，加紧压力继电器X1为0N，Y2和Y4使两只钻头同时开始向下进给。大钻头钻到限位开关X2所设定的深度后，Y3使它上升，到限位开关X3时停止上行。小钻头同时钻，到限位开关X4设定的深度时，Y5使它上升，升到由限位开关X5设定的起始位置时停止上行，同时设定值为3的计数器的当前值加1，表明一对孔加工完毕。两个都到位后，Y6使工件旋转120°，旋转到位后开始钻第二对孔。3对孔都钻完后，Y7使工件松开，松开到位后，系统回到初始状态。

四、操作步骤

（1）分析系统工艺要求，画出I/O分配表。

根据控制要求，大钻和小钻同时工作，所以属于并行序列；在判断是否钻完三对孔时，需要用到选择序列，所以这是一个并行序列与选择序列的组合。根据控制要求，画出I/O地址通道分配表，见表3-5-1。

表3-5-1　I/O分配表

输　　入			输　　出		
作用	输入元件	输入点	输出点	输出元件	作用
启动按钮	SB1	X0	Y1	KM1	工件夹紧
夹紧压力继电器	SQ1	X1	Y2	KM2	大钻头下进给
大钻下限位开关	SQ2	X2	Y3	KM3	大钻头退回
大钻上限位开关	SQ3	X3	Y4	KM4	小钻头下进给

续表

输 入			输 出		
作用	输入元件	输入点	输出点	输出元件	作用
小钻下限位开关	SQ4	X4	Y5	KM5	小钻头退回
小钻上限位开关	SQ5	X5	Y6	KM6	工件旋转
工件旋转限位开关	SQ6	X6	Y7	KM7	工件放松
松开到位限位开关	SQ7	X7			

（2）画出PLC的接线图。

PLC的外部接线图如图3-5-4所示。

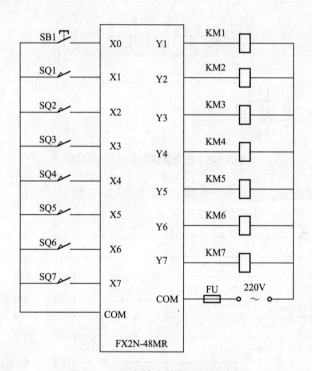

图3-5-4 组合钻床控制PLC接线图

（3）根据控制要求或加工工艺要求，画出顺序功能图，如图3-5-5所示。

整个控制过程的工序大致为：

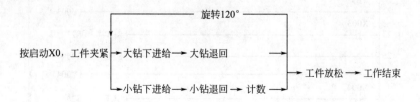

图3-5-5

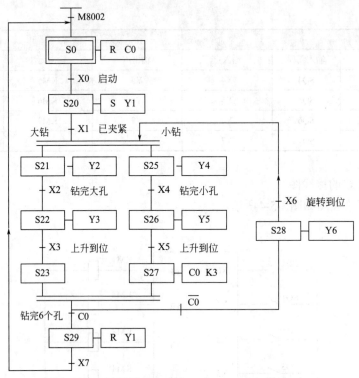

图3-5-5　组合钻床控制顺序功能图

（4）根据顺序功能图，画出相应的梯形图。如图3-5-6所示。

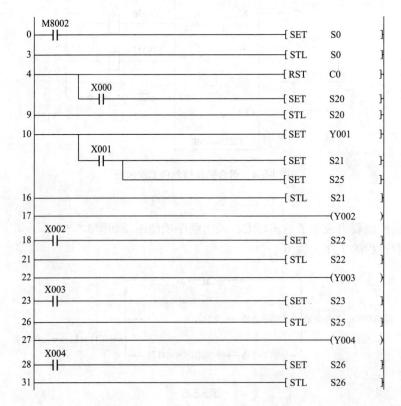

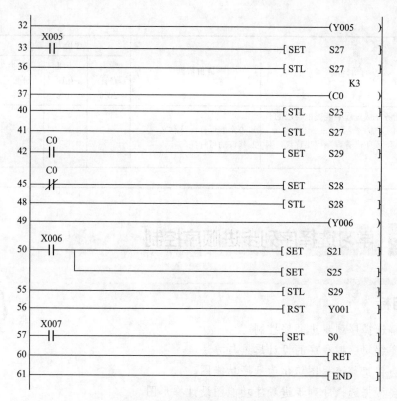

图3-5-6　组合钻床控制梯形图

（5）输入程序，进行调试。

　　调试时，注意各动作的顺序，并注意观察计数器C0的数值变化，并在监控状态下，注意观察各个步之间的转换情况。

五、总结与评价

　　以小组为单位，选择演示文稿、展板、海报、录像等形式中的一种或几种，向全班展示、汇报学习成果，根据表3-5-2进行总结与评价。

表3-5-2　项目评价表

班级：＿＿＿＿＿＿　小组：＿＿＿＿＿＿　姓名：＿＿＿＿＿＿		指导教师：＿＿＿＿＿＿＿＿＿　日期：＿＿＿＿＿＿＿＿＿					
评价项目	评价标准	评价依据	评价方式			权重	得分小计
			学生自评20%	小组互评30%	教师评价50%		
职业素养	1. 遵守企业规章制度、劳动纪律 2. 按时按质完成工作任务 3. 积极主动承担工作任务，勤学好问 4. 人身安全与设备安全	1. 出勤 2. 工作态度 3. 劳动纪律 4. 团队协作精神				0.6	

续表

评价项目	评价标准	评价依据	评价方式			权重	得分小计
			学生自评 20%	小组互评 30%	教师评价 50%		
创新能力	1. 在任务完成过程中能提出自己的有一定见解的方案 2. 在教学或生产管理上提出建议，具有创新性	1.方案的可行性及意义 2.建议的可行性				0.4	
合计							

任务六 学习选择序列步进顺序控制

知识目标

（1）理解选择序列步进顺序控制。
（2）学会编辑顺控程序的设计思维与方法。
（3）学会将工艺流程图转化为顺序功能图。
（4）学会根据选择序列步进顺序功能图设计梯形图。

能力目标

（1）培养学生查阅资料、自我学习的能力。
（2）培养学生独立思考的能力。
（3）培养学生解决工程问题的能力。
（4）培养学生团队合作能力。
（5）培养学生创新意识与能力。

素质目标

培养学生安全意识、文明生产意识。

基础知识

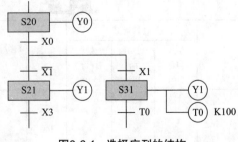

图3-6-1 选择序列的结构

如图3-6-1所示，在S20和X0条件满足的情况下，X1的动作与否决定了程序的转移方向，如果 $\overline{X1}$ 条件满足，程序转向S21执行；如果X1条件满足，则程序转向S31执行。这样的序列称为选择序列。

在循环计数的程序里常需要用到选择序列。

选择序列结构的梯形图如图3-6-2所示。

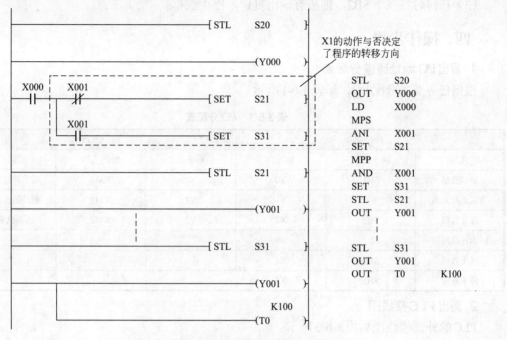

图3-6-2　选择序列的梯形图和指令语句表

一、实训目标

（1）能够正确绘制电气原理图。
（2）能够正确设计梯形图程序。
（3）能够独立完成洗车控制线路并正确调试。

二、实训设备与器材

PLC主机FX2N-32MR、计算机、编程电缆、断路器、熔断器、热继电器、接触器、按钮等电气元件。

三、实训内容

简易洗车控制系统的控制要求如下。
（1）若方式选择开关SA置于OFF状态，当按下启动按钮SB1后，则按下列程序动作。
①执行泡沫清洗。
②按SB3则执行清水冲洗。
③按SB4则执行风干。
④按SB5则结束洗车。
（2）若方式选择开关SA置于ON状态，当按启动按钮SB1后，则自动按洗车流程执行。

其中泡沫清洗10s、清水冲洗20s、风干5s，结束后回到待洗状态。

（3）任何时候按下SB2，则所有输出复位，停止洗车。

四、操作步骤

1. 写出I/O地址通道分配表

根据任务要求分配I/O，如表3-6-1所示。

表3-6-1　I/O分配表

输入			输出		
作用	输入元件	输入点	输出点	输出元件	作用
启动按钮	SB1	X0	Y0	KM1	清水清洗驱动
方式选择开关	SA	X1	Y1	KM2	泡沫清洗驱动
停止按钮	SB2	X2	Y2	KM2	风干机驱动
清水冲洗按钮	SB3	X3			
风干按钮	SB4	X4			
结束按钮	SB5	X5			

2. 画出PLC接线图

PLC的外部接线图如图3-6-3所示。

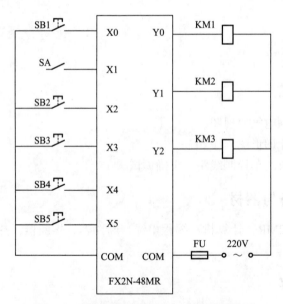

图3-6-3　简易洗车系统控制PLC外部接线图

3. 根据控制要求，设计顺序功能图

控制系统分为两种功能，手动、自动只能选择其一，因此需要使用选择分支来实现，而每种功能有三种按照各功能按钮或设定时间而顺序执行的状态：泡沫清洗→清水冲洗→风干。

根据转换规律和转换条件，绘制顺序功能图。如图3-6-4所示。

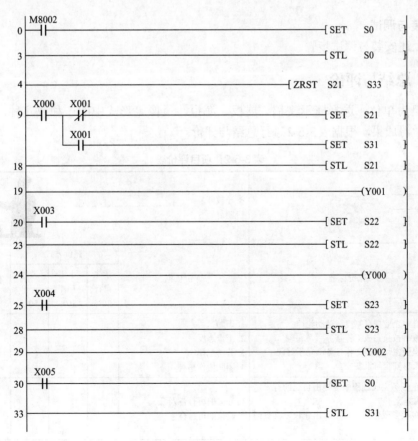

图3-6-4　简易洗车控制系统的顺序功能图

4. 编制梯形图

根据设计出的顺序功能图转换为梯形图，如图3-6-5所示。

图3-6-5

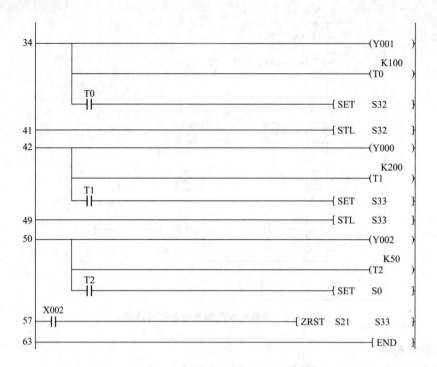

图3-6-5 简易洗车控制系统的梯形图

5. 安装与调试

参考上述安装与调试步骤。

五、总结与评价

以小组为单位，选择演示文稿、展板、海报、录像等形式中的一种或几种，向全班展示、汇报学习成果，根据表3-6-2进行总结与评价。

表3-6-2 项目评价表

班级：_____ 小组：_____ 姓名：_____			指导教师：_____ 日期：_____					
评价项目	评价标准		评价依据	评价方式			权重	得分小计
				学生自评 20%	小组互评 30%	教师评价 50%		
职业素养	1. 遵守企业规章制度、劳动纪律 2. 按时按质完成工作任务 3. 积极主动承担工作任务，勤学好问 4. 人身安全与设备安全		1. 出勤 2. 工作态度 3. 劳动纪律 4. 团队协作精神				0.6	
创新能力	1. 在任务完成过程中能提出自己的有一定见解的方案 2. 在教学或生产管理上提出建议，具有创新性		1. 方案的可行性及意义 2. 建议的可行性				0.4	
合计								

项目四

三菱FX系列PLC的功能指令及应用

学习数据传送类指令

知识目标

（1）理解功能指令的基本知识。

（2）理解数据传送类指令功能。

（3）学会使用数据传送指令。

能力目标

（1）培养学生查阅资料、自我学习的能力。

（2）培养学生独立思考的能力。

（3）培养学生解决工程问题的能力。

（4）培养学生团队合作能力。

（5）培养学生创新意识与能力。

素质目标

培养学生安全意识、文明生产意识。

基础知识

  PLC的基本指令主要用于逻辑处理，这些指令是基于继电器、定时器、计数器等软元件的指令。作为工业控制用的计算机，PLC仅仅具有基本指令是不够的。现代工业控制在许多场合需要数据处理，需要通信，所以产生了PLC的功能指令，主要用于数据的传送、运算、变换及程序控制等功能。FX2N系列PLC的功能指令大致可以分为程序流向控制、数据传送与比较、算术与逻辑运算、数据循环与移位、数据处理、高速处理、方便控制和外部设备通信等。

一、功能指令的格式

功能指令主要由功能指令助记符和操作元件（操作数）两大部分组成，其格式如图4-1-1所示。

1. 助记符

FX2N系列PLC的功能指令按功能号FNC00～FNC246编排，每条功能指令都有一个对应的指令助记符（大多用英文名称或缩写表示），它在很大程度上反映该指令的功能特征。

例如助记符为"MOV"的功能指令，指的是"传送指令"，它的功能号为"FNC12"。

功能指令的助记符和功能号是一一对应的。在使用功能指令编写梯形图程序时，若采用智能编程器或在计算机上编程，只需要输入该指令的助记符即可。若使用手持式简易编程器，通常是键入该指令的功能号。

2. 操作数

操作数是指功能指令涉及或产生的数据。大多数功能指令有1～4个操作数，而有的功能指令却没有操作数。操作数可分为源操作、目标操作数及其他操作数。如图4-1-2所示。

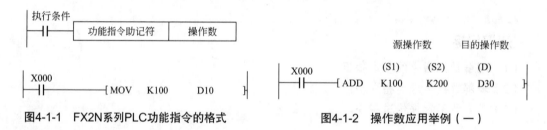

图4-1-1 FX2N系列PLC功能指令的格式   图4-1-2 操作数应用举例（一）

操作数从根本上讲是参加运算数据的地址。地址是依元件的类型分布在存储区中的。由于不同指令对参与操作的元件的类型有不同的限制，因此，操作数的取值就有一定的范围。正确地选取操作数类型，对正确使用指令有很重要的意义。

（1）源操作数 是指令执行后不改变其内容的操作数，用[S]表示。当有多个源操作数时可用[S1]、[S2]、[S3]分别表示。另外[S•]表示允许变址寻址的源操作数。

在图4-1-2中，功能指令ADD的源操作数是K100、K200。该功能指令将K100和K200这两个常数进行加法运算。

（2）目标操作数 是指令执行后将改变其内容的操作数，用[D]表示。当目标操作元件不止一个时可用[D1]、[D2]、[D3]分别表示。另外[D•]表示允许变址寻址的目标操作数。

在图4-1-2中，功能指令ADD的目标操作元件是数据寄存器D30。

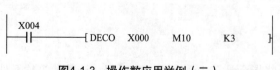

图4-1-3 操作数应用举例（二）

（3）其他操作数 其他操作数常用来表示常数或对源操作数或目的操作数作出补充说明。表示常数时，K为十进制数，H为十六进制数。如图4-1-3所示中

K3就表示十进制数3。

3. 数据长度

功能指令按处理数据的长度分为16位指令和32位指令，其中32位指令在助记符前加"D"。如"DMOV"是指32位指令，"MOV"是16位指令。

4. 执行形式

功能指令的执行形式有脉冲执行型和连续执行型两种。如"MOVP"（有"P"）为脉冲执行型，表示在执行条件满足时仅仅执行一个扫描周期。而"MOV"（没有"P"）为连续执行型，表示在执行条件满足时，每一个扫描周期都要执行一次。

执行形式对数据处理有很重要的意义，请特别注意区分。

二、位元件和字元件

1. 位元件

前面介绍过的输入继电器X、输出继电器Y、辅助继电器M和状态继电器S等元件，它们在PLC的内部反映的是"位"的变化，主要用于开关量信息的传递、变换以及逻辑处理，把这些元件称为"位元件"。"位元件"只有闭合和断开（即0和1）两种状态。

2. 字元件

由于功能指令的引入，需要处理大量的数据信息，需设置大量的用于存储数值数据的软元件，如各类存储器。另外，一定量的软元件组合在一起也可作为数据的存储。上述这些能处理数值数据的元件称为"字元件"。

3. 位组合元件

位组合元件是一种字元件。位元件的组合由Kn加首元件来表示。每4个位元件为一组，组合成一个单元。例如KnX0，表示位组合元件是由从X0开始的n组（4n个）位元件组合而成的。若n为1，则K1X0是由X3、X2、X1、X0四位输入继电器组合而成的。若n为3，则K2X0是由X0～X7、X10～X13共12位输入继电器组合而成的。

在采用"Kn+首元件编号"方式组合成字元件时，首元件可以任选，但为了避免混乱，通常选尾数为0的元件为首元件，如X0、X10、X20等。

三、数据寄存器D和变址寄存器V、Z

在编程元件部分已经学习了数据寄存器D，它是用来存储数值数据的字元件，其数值可以通过功能指令、数据存取单元及编程装置读出与写入。

在使用功能指令时，需要对操作数进行寻址，可以采用直接寻址，也可以采用变址寻址方式。当采用变址寻址方式时，可以使用变址寄存器V或Z。变址寄存器V和Z和通用的数据寄存器一样，是进行数值数据读、写的16位寄存器，主要用于运算操作数地址的修改，FX2N的V和Z各8个点，分别为V0～V7、Z0～Z7。

需要进行32位操作时，可将V、Z串联使用，Z为低位，V为高位。如图4-1-4所示。

根据V与Z的内容进行修改元件地址号，成为元件的变址。可以使用变址寄存器进行变址的元件是X、Y、M、S、T、C、P、D、K、H、KnX、KnY、KnM、KnS。这时，操作数的实际地址是现地址加上变址寄存器V或Z内所存的地址。例如，如果V2=26，则K100V2为K126（100+26=126）；如果V4=16，则D10V4变为D26（10+16=26）。但是变址寄存器不可以修改V和Z本身或位数制定用的Kn参数。例如K2M0Z2有效，而K2Z2M0则是无效的。如图4-1-5所示为变址寄存器的应用。执行程序时，当X0=ON的状态，则D15和D26的数据都是K20。

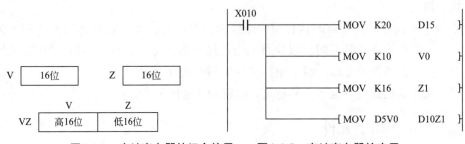

图4-1-4　变址寄存器的组合使用　　图4-1-5　变址寄存器的应用

四、MOV指令

MOV是数据传送指令，有16位操作MOV，MOV（P）和32位操作（D）MOV，（D）MOV（P）两种形式，16位操作时占5个程序步，32位操作时占9个程序步。

指令功能是将源操作数S传送到目标元件D中。如果源操作数据是十进制常数，则CPU自动将其转换成二进制数后再传送到目标元件中。如图4-1-6所示是MOV指令的应用格式和操作数的范围，其功能是当X2闭合时将常数10传送到D20中。

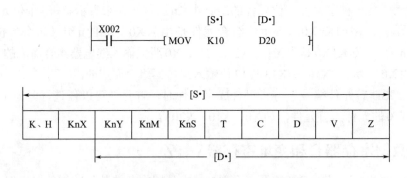

图4-1-6　MOV指令应用格式和使用范围

五、BMOV指令

BMOV是数据块传送指令，其功能是将以源数为首址的n个连续单元内的数据传送到以目标元件D为首址的n个连续单元中去。

如图4-1-7所示为BMOV指令的应用，当X10闭合时指令执行，将D0～D5内的6个数据分别传送到D20～D25中。

指令使用说明：

（1）BMOV指令中的源操作数与目标操作数是位组合元件时，要采用相同的位数，如图4-1-8所示。

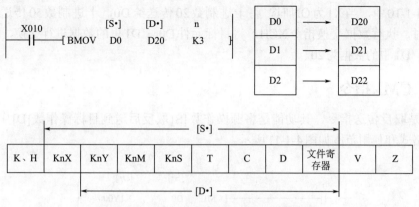

图4-1-7　BMOV指令的应用格式和使用范围

图4-1-8　BMOV指令操作数是位组合元件

（2）利用BMOV指令可以读出文件寄存器（D1000 ~ D7999）中的数据读出并传送到目标元件中。

六、XCH指令

XCH是数据交换指令，有16位操作XCH，XCH（P）和32位操作（D）XCH，（D）XCH（P）两种形式。

其功能是将指定的两个同类目标元件内的数据相互交换。如图4-1-9所示为XCH指令的应用格式与范围。

图4-1-9　XCH指令的应用格式与使用范围

XCH指令的应用举例如图4-1-10所示。

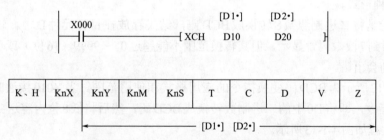

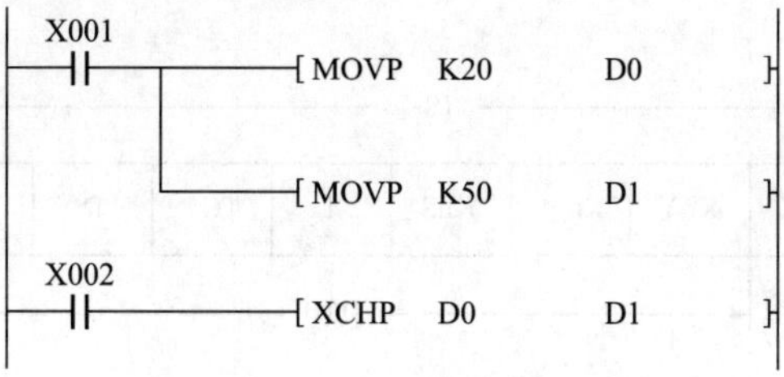

图4-1-10　XCH指令的应用

在图4-1-10中，当X1为ON时，将十进制数20传送给D0，十进制数50传送给D1；当X2为ON时，执行数据交换指令XCH，将目标元件D0、D1里的数据进行交换，则D0中的数据位50，D1中的数据为20。

七、CML指令

CML是取反传送指令，其功能是将源操作数[S]取反后送到目标操作数[D]中。CML指令的应用格式和使用范围如图4-1-11所示。

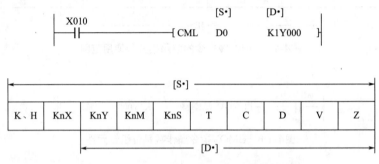

图4-1-11　CML指令的应用格式和使用范围

在图4-1-11中，如果D0= 0011　1011　0000　1100，X010接通后，则将执行取反传送指令。首先将D0中的各个位取反，则此时D0=1100　0100 1111 0011。然后根据K1Y0指定，将D0的低4位送到Y004、Y003、Y002、Y001四个目标操作数中去。

八、BCD指令

BCD是二-十进制转换指令，有16位操作BCD，BCD（P）和32位操作（D）BCD，（D）BCD（P）两种形式。

指令功能是将二进制源数S转换成BCD码，结果存放在目标元件D中。转换后的BCD码可直接输出到7段数码管显示，但其转换范围不能超过0～9999（16位）或0～99999999（32位），否则会出错。

如图4-1-12所示为BCD码变换指令的应用格式和使用范围。当X010接通时，则将执行BCD码变换指令，即将D0中的二进制数转换成BCD码，然后将低8位内容送到Y0～Y7中去。其执行过程如图4-1-13所示。

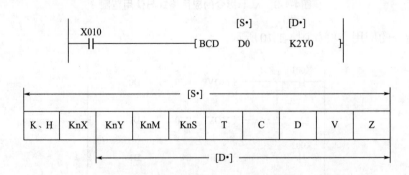

图4-1-12　BCD码变换指令的应用格式和使用范围

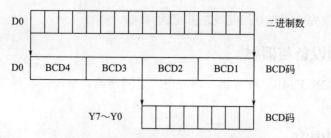

图4-1-13　BCD码变换指令执行示意图

九、BIN指令

BIN是十-二进制转换指令，有16位操作BIN，BIN（P）和32位操作（D）BIN，（D）BIN（P）两种形式。

其功能是将源数内的BCD码数据转换成二进制数据并保存到目标元件中。被转换的BCD码数据可以直接从拨码盘输入。必须注意的是：源操作数内必须是BCD码数据，否则出错。

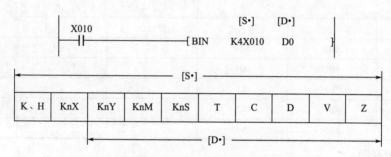

图4-1-14　BIN指令的应用格式与使用范围

如图4-1-14所示为BIN指令的应用格式与使用范围。当X10接通时，则将执行BIN变换指令，把从X17～X10上输入的两位BCD码变换成二进制数，传送到D0的低8位中；把从X27～X20上输入的两位BCD码变换成二进制数，传送到D0的高8位中。

指令执行过程如图4-1-15所示，设输入的BCD码＝63，如果直接输入，是二进制01100011（十进制99），就会出错。如用BIN变换指令输入，将会先把BCD码63转化成二进制00111111，就不会出错了。

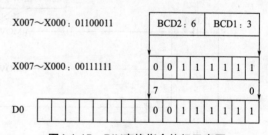

图4-1-15　BIN变换指令执行示意图

技能实训1

一、实训目标

（1）能够正确绘制电气原理图。

（2）能够正确设计梯形图程序。

（3）能够独立完成闪光灯控制线路并正确调试。

二、实训设备与器材

PLC主机FX2N-32MR、计算机、编程电缆、断路器、熔断器、热继电器、指示灯、按钮等电气元件。

三、实训内容

有一个闪光信号灯，输入端有四个置数开关，编制程序实现通过这四个置数开关的动作来改变闪光信号灯的闪光频率。其中X10为启停开关。

四、操作步骤

1. I/O地址通道分配

根据对控制要求的分析，进行I/O分配如表4-1-1所示。

表4-1-1　I/O分配表

输　　入			输　　出		
作用	输入元件	输入点	输出点	输出元件	作用
启停开关	SB1	X10	Y1	信号灯	闪光指示
置数开关	SB2	X0			
置数开关	SB3	X1			
置数开关	SB4	X2			
置数开关	SB5	X3			

2. 编制梯形图

闪光信号灯的闪光频率控制梯形图如图4-1-16所示。

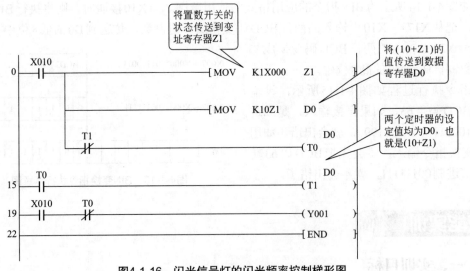

图4-1-16　闪光信号灯的闪光频率控制梯形图

3. 程序输入与调试

输入图4-1-16所示的梯形图，进行程序调试。

五、总结与评价

以小组为单位，选择演示文稿、展板、海报、录像等形式中的一种或几种，向全班展示、汇报学习成果，根据表4-1-2进行总结与评价。

表4-1-2　项目评价表

班级：＿＿＿＿＿＿ 小组：＿＿＿＿＿＿ 姓名：＿＿＿＿＿＿			指导教师：＿＿＿＿＿＿＿＿＿＿＿＿ 日期：＿＿＿＿＿＿＿＿＿＿＿＿＿					
评价 项目	评价标准		评价依据	评价方式			权重	得分 小计
				学生 自评 20%	小组 互评 30%	教师 评价 50%		
职业 素养	1. 遵守企业规章制度、劳动纪律 2. 按时按质完成工作任务 3. 积极主动承担工作任务，勤学好问 4. 人身安全与设备安全		1. 出勤 2. 工作态度 3. 劳动纪律 4. 团队协作精神				0.6	
创新 能力	1. 在任务完成过程中能提出自己的有一定见解 的方案 2. 在教学或生产管理上提出建议，具有创新性		1. 方案的可行性及意义 2. 建议的可行性				0.4	
合计								

技能实训2

一、实训目标

（1）能够正确绘制电气原理图。
（2）能够正确设计梯形图程序。
（3）能够独立完成外置计数器的控制线路并正确调试。

二、实训设备与器材

PLC主机FX2N-32MR、计算机、编程电缆、断路器、熔断器、热继电器、接触器、按钮、拨码开关等电气元件。

三、实训内容

两位拨码开关接于X0 ~ X7，通过它可以自由设定数值在99以下的计数值。X10为计数脉冲，X20为启停开关，当计数器C0的当前值与拨码开关所设定的数值相等时，输出Y1被驱动。

四、操作步骤

1. I/O地址通道分配

根据对控制要求的分析，进行I/O分配如表4-1-3所示。

表 4-1-3　I/O 分配表

输　　入			输　　出		
作用	输入元件	输入点	输出点	输出元件	作用
拨码开关	SB1	X3 ~ X0	Y1	KM1	电磁阀
	SB2	X7 ~ X4			
计数脉冲		X10			
启停开关	SB3	X20			

2. 编制梯形图

外置数计数器控制梯形图如图 4-1-17 所示。

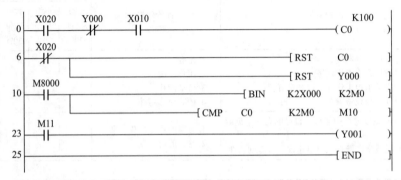

图 4-1-17　外置数计数器控制梯形图

3. 程序输入与调试

输入图 4-1-17 所示的梯形图，并进行程序模拟调试。

五、总结与评价

以小组为单位，选择演示文稿、展板、海报、录像等形式中的一种或几种，向全班展示、汇报学习成果，根据表 4-1-4 进行总结与评价。

表 4-1-4　项目评价表

班级：＿＿＿＿＿＿＿
小组：＿＿＿＿＿＿＿
姓名：＿＿＿＿＿＿＿

指导教师：＿＿＿＿＿＿＿＿
日期：＿＿＿＿＿＿＿＿

评价项目	评价标准	评价依据	评价方式			权重	得分小计
			学生自评 20%	小组互评 30%	教师评价 50%		
职业素养	1. 遵守企业规章制度、劳动纪律 2. 按时按质完成工作任务 3. 积极主动承担工作任务，勤学好问 4. 人身安全与设备安全	1. 出勤 2. 工作态度 3. 劳动纪律 4. 团队协作精神				0.6	
创新能力	1. 在任务完成过程中能提出自己的有一定见解的方案 2. 在教学或生产管理上提出建议，具有创新性	1. 方案的可行性及意义 2. 建议的可行性				0.4	
合计							

技能实训3

一、实训目标

（1）能够正确绘制电气原理图。

（2）能够正确设计梯形图程序。

（3）能够独立完成彩灯的交替点亮控制线路并正确调试。

二、实训设备与器材

PLC主机FX2N-32MR、计算机、编程电缆、断路器、熔断器、按钮、指示灯等电气元件。

三、实训内容

有一组灯L1～L8，要求隔灯显示，每2s变换一次，反复进行，用一个开关实现启停控制。

四、操作步骤

1. I/O地址通道分配

根据对控制要求的分析，进行I/O分配如表4-1-5所示。

表4-1-5　I/O分配表

输入			输出		
作用	输入元件	输入点	输出点	输出元件	作用
启停开关	SB1	X10	Y0～Y7	HL	指示灯

2. 编制梯形图

彩灯的交替点亮控制可以通过以下几种方式来编制梯形图。

（1）梯形图一，如图4-1-18所示。

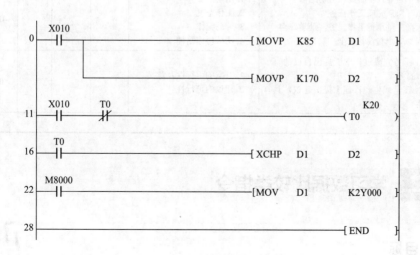

图4-1-18　彩灯的交替点亮控制梯形图一

（2）梯形图二，如图4-1-19所示。

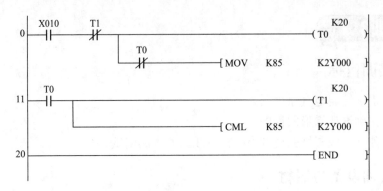

图4-1-19 彩灯的交替点亮控制梯形图二

3. 程序输入与调试

分别输入图4-1-18和图4-1-19所示的梯形图，进行程序调试。

五、总结与评价

以小组为单位，选择演示文稿、展板、海报、录像等形式中的一种或几种，向全班展示、汇报学习成果，根据表4-1-6进行总结与评价。

表4-1-6 项目评价表

<table>
<tr><td colspan="3">班级：_____
小组：_____
姓名：_____</td><td colspan="4">指导教师：_____
日期：_____</td><td></td></tr>
<tr><td rowspan="2">评价
项目</td><td rowspan="2">评价标准</td><td rowspan="2">评价依据</td><td colspan="3">评价方式</td><td rowspan="2">权重</td><td rowspan="2">得分小
计</td></tr>
<tr><td>学生
自评
20%</td><td>小组
互评
30%</td><td>教师
评价
50%</td></tr>
<tr><td>职业
素养</td><td>1. 遵守企业规章制度、劳动纪律
2. 按时按质完成工作任务
3. 积极主动承担工作任务，勤学好问
4. 人身安全与设备安全</td><td>1. 出勤
2. 工作态度
3. 劳动纪律
4. 团队协作精神</td><td></td><td></td><td></td><td>0.6</td><td></td></tr>
<tr><td>创新
能力</td><td>1. 在任务完成过程中能提出自己的有一定见解的方案
2. 在教学或生产管理上提出建议，具有创新性</td><td>1. 方案的可行性及意义
2. 建议的可行性</td><td></td><td></td><td></td><td>0.4</td><td></td></tr>
<tr><td>合计</td><td></td><td></td><td></td><td></td><td></td><td></td><td></td></tr>
</table>

任务二 学习数据比较类指令

知识目标

（1）理解功能指令的基本知识。

（2）理解数据比较类指令功能。

（3）学会使用数据比较指令。

能力目标

（1）培养学生查阅资料、自我学习的能力。

（2）培养学生独立思考的能力。

（3）培养学生解决工程问题的能力。

（4）培养学生团队合作能力。

（5）培养学生创新意识与能力。

素质目标

培养学生安全意识、文明生产意识。

基础知识

一、CMP指令

CMP是数据比较指令，有16位操作和32位操作两种形式。

其功能是将源数S1与S2进行比较，结果用3个地址连续的目标位元件的状态来表示，如图4-2-1所示。当条件X0=ON时，执行CMP，目标元件由M10为首地址的三位来表示（即M10、M11、M12三个位元件组成），指令执行后有三种可能的结果如下。

（1）（S1·）＞（S2·），则M10置1。

（2）（S1·）＝（S2·），则M11置1。

（3）（S1·）＜（S2·），则M12置1。

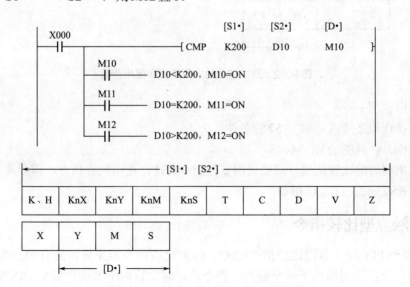

图4-2-1　CMP指令的应用格式和使用范围

指令使用说明：

（1）不执行指令操作时，目标元件状态保持不变，除非用RST指令将其复位。

（2）目标元件只能是Y、M、S。

二、ZCP指令

ZCP是数据区间比较指令，有16位操作和32位操作两种形式。

其功能是源数S3与S1和S2构成的数据区间（注意必须满足S1＜S2）进行比较，结果由3个连续的目标元件来表示（如图4-2-2所示为ZCP指令的应用格式和使用范围）。

（1）S3＜S1，目标元件M10置1。

（2）S1＜S3＜S2，目标元件M11置1。

（3）S3＞S2，目标元件M12置1。

指令不执行时目标元件的状态不变。

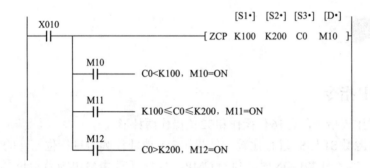

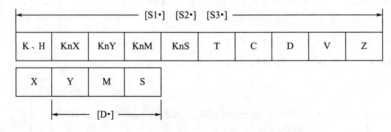

图4-2-2　ZCP指令的应用格式和使用范围

指令使用说明：

（1）源操作数必须满足S1＜S2的条件。

（2）目标元件只能是Y、M、S。

（3）如果要清除比较结果，需要采用复位指令RST，在不执行指令，需要清除比较结果时，也要用RST或ZRST复位指令。

三、触点型比较指令

FX2N系列PLC除了数据比较指令CMP、区间比较指令ZCP外，还有触点型比较指令。触点型比较指令的作用相当于一个触点，指令执行时比较两个源操作数S1和S2，满足条件时则触点闭合。源操作数可以取所有的数据类型。各种触点型比较指令如表4-2-1所示。

表4-2-1　触点比较指令一览表

分类	指令助记符	指令功能
LD类	LD=	[S1]=[S2]时，运算开始的触点接通
	LD＞	[S1]＞[S2]时，运算开始的触点接通
	LD＜	[S1]＜[S2]时，运算开始的触点接通
	LD＜＞	[S1]≠[S2]时，运算开始的触点接通
	LD＜＝	[S1]≤[S2]时，运算开始的触点接通
	LD＞＝	[S1]≥[S2]时，运算开始的触点接通
AND类	AND=	[S1]=[S2]时，串联触点接通
	AND＞	[S1]＞[S2]时，串联触点接通
	AND＜	[S1]＜[S2]时，串联触点接通
	AND＜＞	[S1]≠[S2]时，串联触点接通
	AND＜＝	[S1]≤[S2]时，串联触点接通
	AND＞＝	[S1]≥[S2]时，串联触点接通
OR类	OR=	[S1]=[S2]时，并联触点接通
	OR＞	[S1]＞[S2]时，并联触点接通
	OR＜	[S1]＜[S2]时，并联触点接通
	OR＜＞	[S1]≠[S2]时，并联触点接通
	OR＜＝	[S1]≤[S2]时，并联触点接通
	OR＞＝	[S1]≥[S2]时，并联触点接通

触点型比较指令的使用如图4-2-3所示。

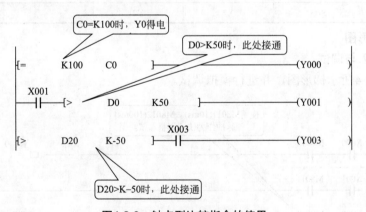

图4-2-3　触点型比较指令的使用

技能实训

一、实训目标

（1）能够正确绘制电气原理图。

（2）能够正确设计梯形图程序。

（3）能够独立完成定时器控制线路并正确调试。

二、实训设备与器材

PLC主机FX2N-32MR、计算机、编程电缆、断路器、熔断器、接触器、按钮等电气元件。

三、实训内容

设定一个住宅控制器的控制程序［每刻钟（即15 min）为一个设定单位，则24 h共有96个时间单位］，具体控制要求如下。

（1）早上6点起床，闹钟每秒响一次，10s后自动停止。

（2）早上9点到下午17点，启动住宅报警系统。

（3）18点打开住宅照明系统。

（4）22点关闭住宅照明系统。

四、操作步骤

1. I/O地址通道分配

根据对控制要求的分析，进行I/O分配如表4-2-2所示。

表4-2-2　I/O分配表

输　入			输　出		
作用	输入元件	输入点	输出点	输出元件	作用
启停开关	SB1	X0	Y0	KM1	闹钟
15min试验开关	SB2	X1	Y1	KM2	住宅报警监控
格数试验开关	SB3	X2	Y2		住宅照明

2. 编制梯形图

3. 程序输入与调试

输入图4-2-4所示梯形图，并进行模拟调试。

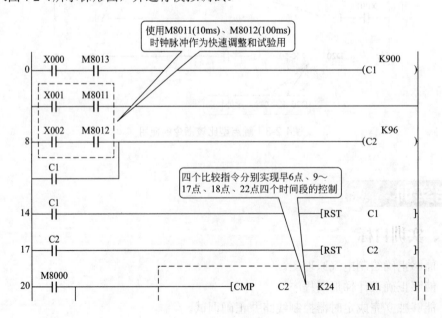

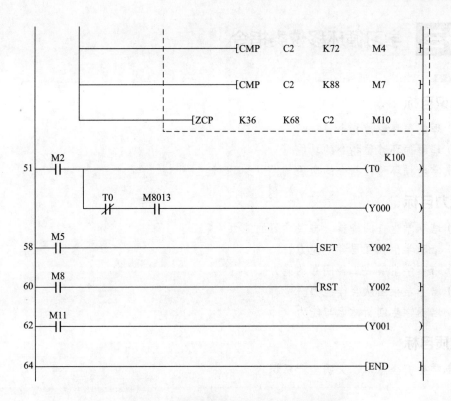

图4-2-4 简易定时报时器控制系统梯形图

五、总结与评价

以小组为单位，选择演示文稿、展板、海报、录像等形式中的一种或几种，向全班展示、汇报学习成果，根据表4-2-3进行总结与评价。

表4-2-3 项目评价表

班级： 小组： 姓名：		指导教师： 日期：					
评价 项目	评价标准	评价依据	评价方式			权重	得分 小计
			学生 自评 20%	小组 互评 30%	教师 评价 50%		
职业 素养	1.遵守企业规章制度、劳动纪律 2.按时按质完成工作任务 3.积极主动承担工作任务，勤学好问 4.人身安全与设备安全	1.出勤 2.工作态度 3.劳动纪律 4.团队协作精神				0.6	
创新 能力	1.在任务完成过程中能提出自己的有一定见解的方案 2.在教学或生产管理上提出建议，具有创新性	1.方案的可行性及意义 2.建议的可行性				0.4	
合计							

任务三 学习循环移位类指令

知识目标

（1）理解循环移位指令。
（2）理解循环移位指令的功能。
（3）学会循环移位指令的应用。

能力目标

（1）培养学生查阅资料、自我学习的能力。
（2）培养学生独立思考的能力。
（3）培养学生解决工程问题的能力。
（4）培养学生团队合作能力。
（5）培养学生创新意识与能力。

素质目标

培养学生安全意识、文明生产意识。

基础知识

一、ROR、ROL指令

ROL是循环右移指令，有16位操作和32位操作两种形式。其功能是在执行条件满足时，将目标元件D中的位循环右移n位，最后被移出位同时被存放在进位标志M8022中。

ROL是循环左移指令，有16位操作和32位操作两种形式。其功能是在执行条件满足时，将目标元件D中的位循环左移n位，最后被移出位同时被存放在进位标志M8022中。ROR、ROL指令的应用格式和使用范围如图4-3-1所示。

在图4-3-1（a）中，如果D0=0000 1111 0000 1111，则执行一次循环右移指令后，D0=1110 0001 1110 0001，并且M8022=1。

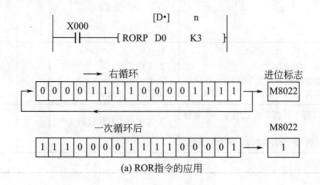

(a) ROR指令的应用

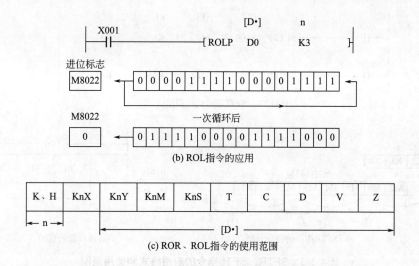

(b) ROL指令的应用

K、H	KnX	KnY	KnM	KnS	T	C	D	V	Z

←─ n ─→　　　　　　　　　　　　[D·]

(c) ROR、ROL指令的使用范围

图4-3-1　ROR、ROL指令的应用格式和使用范围

二、RCR、RCL指令

RCR是带进位的右循环移位指令，有16位操作和32位操作两种形式。其功能是在执行条件满足时，将目标元件D中的数据与进位位一起（16位指令时一共17位）向右循环移动n位。

RCL是带进位的左循环移位指令，有16位操作和32位操作两种形式。其功能是在执行条件满足时，将目标元件D中的数据与进位位一起（16位指令时一共17位）向左循环移动n位。RCR、RCL指令的应用格式和使用范围如图4-3-2所示。

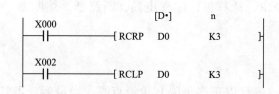

K、H	KnX	KnY	KnM	KnS	T	C	D	V	Z

←─ n ─→　　　　　　　　　　　　[D·]

图4-3-2　RCR、RCL指令的应用格式和使用范围

三、SFTR和SFTL指令

SFTR是位的右移指令，SFTL是位的左移指令。其功能是使目标元件中的状态成组地向右（左）移动，其中n1指定目标元件的长度，n2指定移位的位数。如图4-3-3所示为位移动指令的应用格式和使用范围。

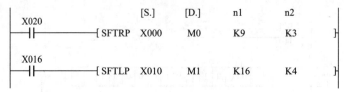

(a) SFTR、SFTL指令的应用格式

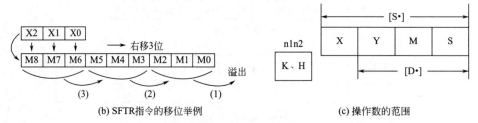

(b) SFTR指令的移位举例　　　　(c) 操作数的范围

图4-3-3　SFTR、SFTL指令的应用格式和使用范围

技能实训

一、实训目标

（1）能够正确绘制电气原理图。

（2）能够正确设计梯形图程序。

（3）能够独立完成流水灯控制线路并正确调试。

二、实训设备与器材

PLC主机FX2N-32MR、计算机、编程电缆、断路器、熔断器、指示灯、按钮等电气元件。

三、实训内容

按下启动按钮后，8盏灯以正序每隔1s轮流点亮，当最后一盏灯亮后，停3s；然后以反序每隔1s轮流点亮，当第一盏灯亮后，停3s，重复以上过程。当按下停止按钮时，停止工作。

四、操作步骤

1. I/O通道地址分配

根据对控制要求的分析，进行I/O分配如表4-3-1所示。

表4-3-1　I/O分配表

输　　入			输　　出		
作用	输入元件	输入点	输出点	输出元件	作用
启动按钮	SB1	X1	Y7～Y0	HL	灯光控制
停止按钮	SB2	X2			

2. 编制梯形图

流水灯光控制梯形图如图4-3-4所示。

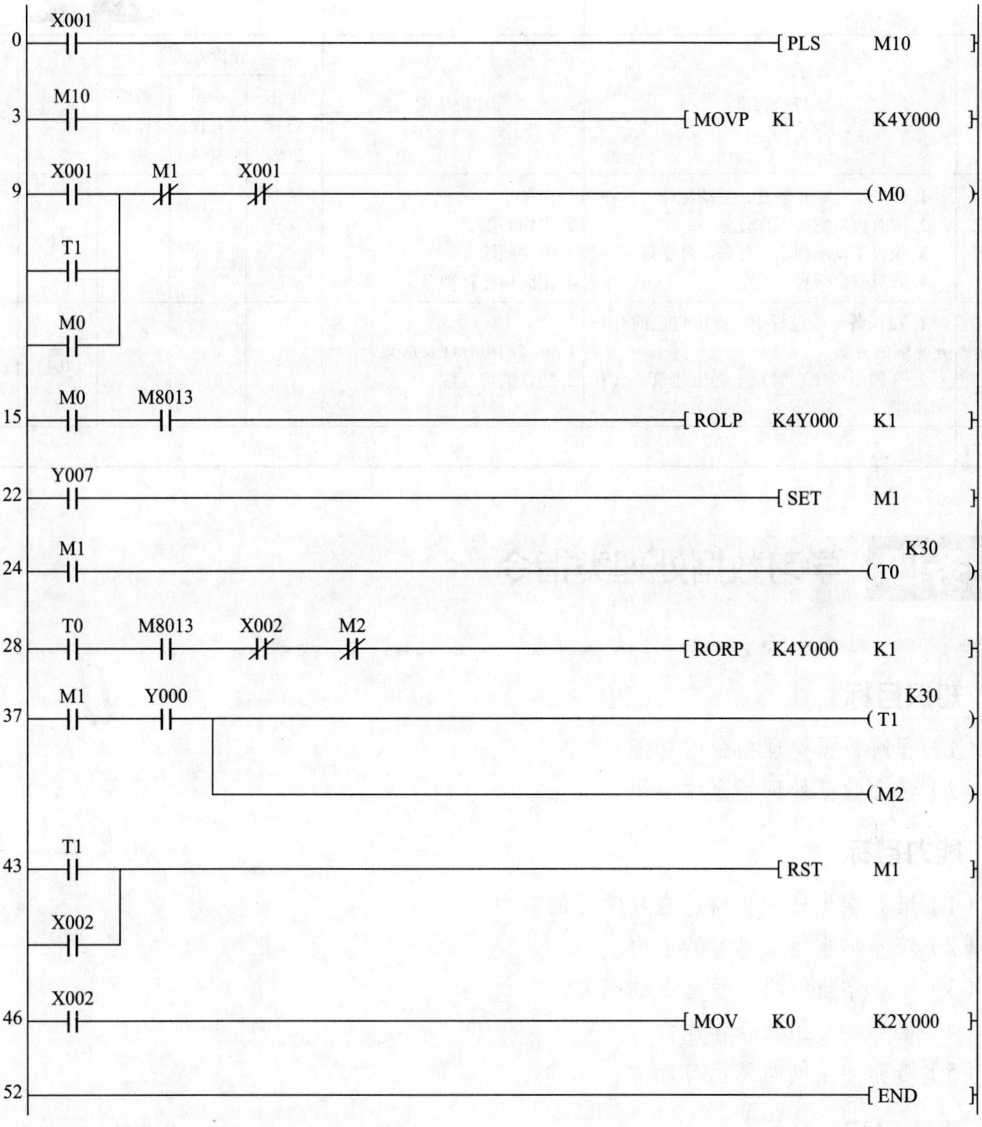

图4-3-4　流水灯光控制梯形图

3. 程序输入与调试

输入图4-3-4所示梯形图，并进行模拟调试。

五、总结与评价

以小组为单位，选择演示文稿、展板、海报、录像等形式中的一种或几种，向全班展示、汇报学习成果，根据表4-3-2进行总结与评价。

表4-3-2　项目评价表

班级：_____ 小组：_____ 姓名：_____		指导教师：_____ 日期：_____					
评价项目	评价标准	评价依据	评价方式			权重	得分小计
			学生自评 20%	小组互评 30%	教师评价 50%		
职业素养	1. 遵守企业规章制度、劳动纪律 2. 按时按质完成工作任务 3. 积极主动承担工作任务，勤学好问 4. 人身安全与设备安全	1. 出勤 2. 工作态度 3. 劳动纪律 4. 团队协作精神				0.6	
创新能力	1. 在任务完成过程中能提出自己的有一定见解的方案 2. 在教学或生产管理上提出建议，具有创新性	1. 方案的可行性及意义 2. 建议的可行性				0.4	
合计							

任务四　学习数据处理类指令

知识目标

（1）理解数据处理指令的功能。

（2）学会数据处理指令的应用。

能力目标

（1）培养学生查阅资料、自我学习的能力。

（2）培养学生独立思考的能力。

（3）培养学生解决工程问题的能力。

（4）培养学生团队合作能力。

（5）培养学生创新意识与能力。

素质目标

培养学生安全意识、文明生产意识。

基础知识

一、ZRST指令

ZRST是区间复位指令，16位操作数有ZRST、ZRST（P）。其功能是指定同类目标元件范围内的元件复位，指定元件必须属于同一类，且D1＜D2；当指定目标元件为通用计数器时，不能含有高速计数器。ZRST指令的应用格式和使用范围如图4-4-1所示。

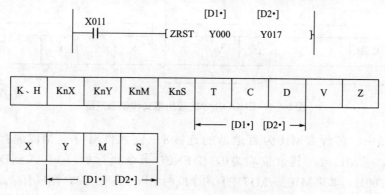

图4-4-1 ZRST指令的应用格式和使用范围

二、DECO指令

DECO是译码指令，16位操作有DECO、DECO（P）。其功能是将目标元件的某一位置1，其他位置0，置1的位的位置由源数S为首地址的n位连续位元件或数据寄存器所表示的十进制码决定。常数n标明参与该指令操作的源数共n个位，目标数共有2^n个位。如图4-4-2所示为DECO指令的应用格式和使用范围。

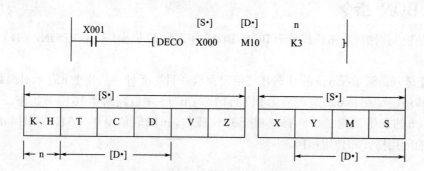

图4-4-2 DECO指令的应用格式和使用范围

在图4-4-2中，以X0为首地址的3位（n=3）X2X1X0=101，用十进制数表示为5；则当X1=ON时，执行DECO指令，将以M10为首地址的8位（2^3=8）中的第5位置1，其他位置0。其执行过程如图4-4-3所示。

三、ENCO指令

ENCO是编码指令，16位操作有ENCO、ENCO（P）。其功能是将源数为1的最高位的位置存放在目标元件中。如图4-4-4所示为ENCO指令的应用格式和使用范围。

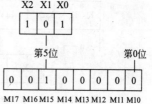

图4-4-3 DECO指令执行示意图

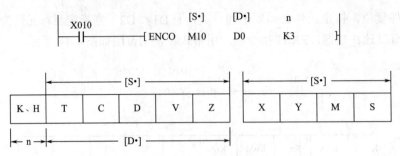

图4-4-4　ENCO指令的应用格式和使用范围

在图4-4-5中，对源数M10为首地址的连续8个位元件M10～M17进行编码，其结果存入D0中，若M13=1，其余位均为0，则ENCO指令执行后将3存入到D0中，则D0=0000 0000 0000 0011。如果M10～M17中有两个或两个以上的位为1，则只有最高位的1有效。

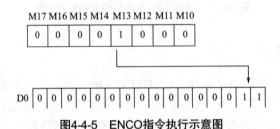

图4-4-5　ENCO指令执行示意图

四、BON 指令

BON是位判别指令，16位操作有BON，BON（P）和32位操作（D）BON，（D）BON（P）两种形式。

其功能是判断源数第n位的状态并将结果存放在目标元件中。常数n表示对源数首位（0位）的偏移量。如果n=0，是判断第1位的状态；n=15时是判断第16位的状态。因此对于16位源数，n的取值范围是0～15，对于32位操作，n的取值是0～31。如图4-4-6所示为BON指令的应用格式和使用范围。

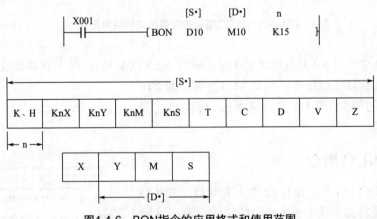

图4-4-6　BON指令的应用格式和使用范围

在图4-4-6中，X1闭合时，每扫描一次梯形图就将D10的第15位状态存入到M10中去。

技能实训

一、实训目标

（1）能够正确绘制电气原理图。
（2）能够正确设计梯形图程序。
（3）能够独立完成单按钮实现5台电动机控制线路并正确调试。

二、实训设备与器材

PLC主机FX2N-32MR、计算机、编程电缆、断路器、熔断器、热继电器、接触器、按钮等电气元件。

三、实训内容

用单按钮实现5台电动机的启停。按下按钮一次（保持1s以上），1号电动机启动，再按按钮，1号电动机停止；按下按钮2次（第二次保持1s以上），2号电动机启动，再按按钮，2号电动机停止；依次类推，按下按钮5次（最后一次保持1s以上），5号电动机启动，再按按钮，5号电动机停止。利用PLC控制程序实现该功能。

四、操作步骤

1. I/O地址通道分配
根据对控制要求的分析，进行I/O分配如表4-4-1所示。

表4-4-1　I/O分配表

输　入			输　出		
作用	输入元件	输入点	输出点	输出元件	作用
启动按钮	SB1	X1	Y0	KM1	1号电动机
			Y1	KM2	2号电动机
			Y2	KM3	3号电动机
			Y3	KM4	4号电动机
			Y4	KM5	5号电动机

2. 编制梯形图
单按钮实现5台电动机的启停控制，梯形图如图4-4-7所示。
3. 程序输入与调试
输入图4-4-7所示的梯形图，并进行模拟调试。

五、总结与评价

以小组为单位，选择演示文稿、展板、海报、录像等形式中的一种或几种，向全班展示、汇报学习成果，根据表4-4-2进行总结与评价。

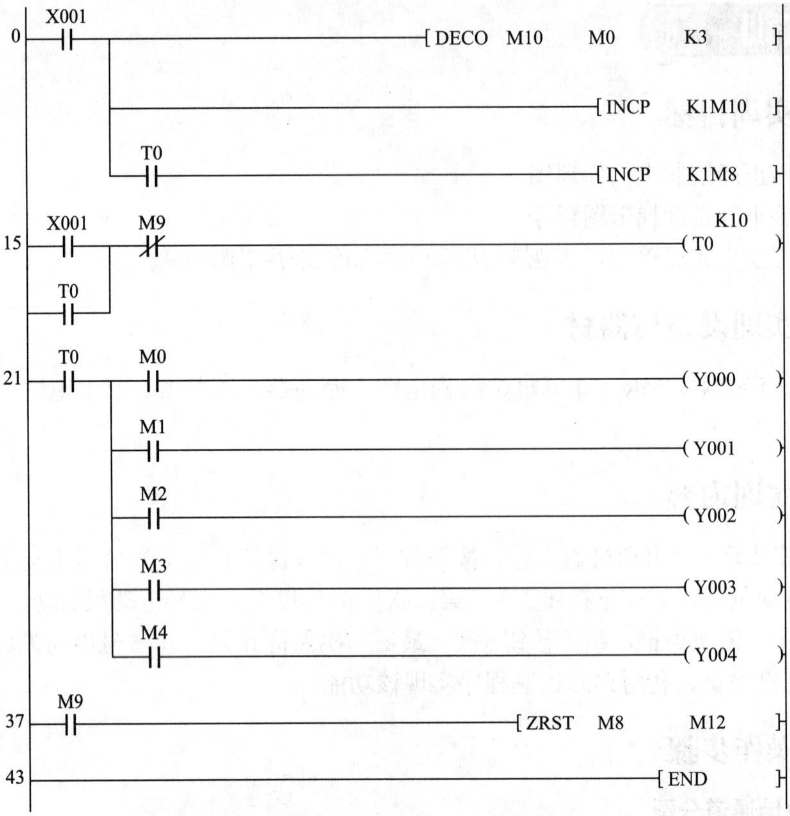

```
 0 ┤X001├─────────────────────────[DECO  M10    M0    K3 ]┤
   │                              ─────────────[INCP  K1M10 ]┤
   │         T0
   │        ─┤├──────────────────────────────[INCP  K1M8 ]┤
                                                      K10
15 ┤X001├─┤/M9├────────────────────────────────────(T0  )
   │        M9
   │  T0
   │ ─┤├
21 ┤T0├─┤M0├──────────────────────────────────────(Y000 )
   │     M1
   │    ─┤├──────────────────────────────────────(Y001 )
   │     M2
   │    ─┤├──────────────────────────────────────(Y002 )
   │     M3
   │    ─┤├──────────────────────────────────────(Y003 )
   │     M4
   │    ─┤├──────────────────────────────────────(Y004 )
37 ┤M9├──────────────────────────────[ZRST  M8    M12 ]┤
43 ─────────────────────────────────────────────[END ]┤
```

图4-4-7 单按钮实现5台电动机的启停控制梯形图

表4-4-2 项目评价表

班级：_____ 指导教师：_____
小组：_____ 日期：_____
姓名：_____

评价项目	评价标准	评价依据	学生自评 20%	小组互评 30%	教师评价 50%	权重	得分小计
职业素养	1.遵守企业规章制度、劳动纪律 2.按时按质完成工作任务 3.积极主动承担工作任务，勤学好问 4.人身安全与设备安全	1.出勤 2.工作态度 3.劳动纪律 4.团队协作精神				0.6	
创新能力	1.在任务完成过程中能提出自己的有一定见解的方案 2.在教学或生产管理上提出建议，具有创新性	1.方案的可行性及意义 2.建议的可行性				0.4	
合计							

表头跨列：评价方式

任务五 学习四则运算指令

知识目标

（1）理解四则运算指令的功能。

（2）学会四则运算指令的应用。

能力目标

（1）培养学生查阅资料、自我学习的能力。

（2）培养学生独立思考的能力。

（3）培养学生解决工程问题的能力。

（4）培养学生团队合作能力。

（5）培养学生创新意识与能力。

素质目标

培养学生安全意识、文明生产意识。

基础知识

一、ADD指令

ADD是二进制加法指令，有16位操作ADD、ADD（P）和32位操作（D）ADD、（D）ADD（P）两种形式。

指令功能是将两个源操作数相加（二进制代数运算），结果存到目标元件D中。图4-5-1是ADD指令的应用格式和使用范围。

加法指令ADD有3个常用的标志，M8020为零标志，M8022为进位标志，M8021为借位标志。

执行ADD指令后，若计算结果为0，则零标志位M8020置1；若结果超过32767（16位）或2147483647（32位），则进位标志M8022置1；若和小于–32768（16位）或–2147483647（32位），则借位标志M8021置1。

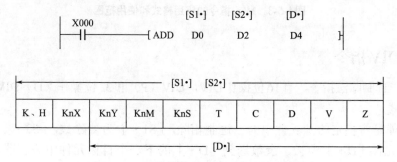

图4-5-1　ADD指令的应用格式和使用范围

二、SUB指令

SUB是二进制减法指令,有16位操作SUB,SUB(P)和32位操作(D)SUB,(D)SUB(P)两种形式。

指令功能是:把源数S1减去S2,将结果存到到目标元件D中。运算中标志位的动作、与数值的正负之间的关系以及指令的使用与加法指令相同。图4-5-2所示为SUB指令的应用格式和使用范围。

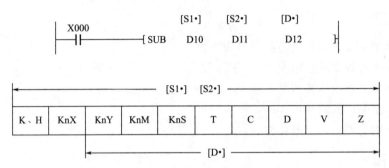

			[S1·] [S2·]					
K、H	KnX	KnY	KnM	KnS	T	C	D	V	Z
				[D·]				

图4-5-2 SUB指令的应用格式和使用范围

三、MUL指令

MUL是二进制乘法指令,有16位操作MUL,MUL(P)和32位操作(D)MUL,(D)MUL(P)两种形式。

指令功能是把源数S1与S2相乘,将结果存到目标元件D中。当源操作数是16位时,目的操作数是32位,则[D·]为目的操作数的首地址。图4-5-3所示为MUL指令的应用格式和使用范围。

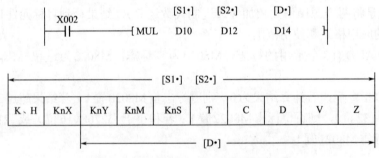

			[S1·] [S2·]					
K、H	KnX	KnY	KnM	KnS	T	C	D	V	Z
				[D·]				

图4-5-3 MUL指令的应用格式和使用范围

四、DIV指令

DIV是二进制除法指令,有16位操作DIV,DIV(P)和32位操作(D)DIV,(D)DIV(P)两种形式。

指令功能是将指定的源元件中的二进制相除,[S1·]为被除数,[S2·]为除数,商送到指定的元件[D·]中去,余数送到[D·]的下一个目标元件中去。图4-5-4所示为DIV指令的应用格式和使用范围。

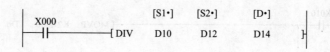

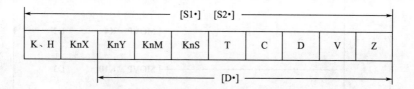

图4-5-4 DIV指令的应用格式和使用范围

技能实训1

一、实训目标

（1）能够正确绘制电气原理图。
（2）能够正确设计梯形图程序。
（3）能够独立完成相关算术运算的编程与调试。

二、实训设备与器材

PLC主机FX2N-32MR、计算机、编程电缆、断路器、熔断器、按钮等电气元件。

三、实训内容

编程完成以下算术运算：$Y = \dfrac{18X}{4} - 10$

四、操作步骤

1. I/O地址通道分配

根据对控制要求的分析，进行I/O分配如表4-5-1所示。

表4-5-1 I/O分配表

输　入			输　出		
作用	输入元件	输入点	输出点	输出元件	作用
输入二进制数		X0～X7	Y0～Y7		运算结果
停止按钮	SB2	X10			

2. 编制梯形图

算术运算梯形图如图4-5-5所示。

3. 程序输入与调试

输入图4-5-5所示梯形图，并进行模拟调试。

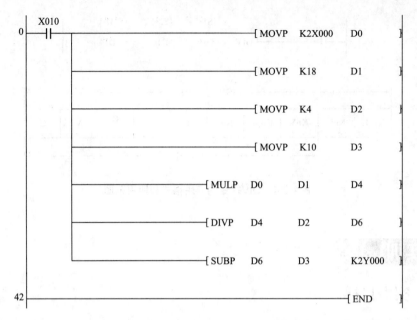

图4-5-5　算术运算梯形图

五、总结与评价

　　以小组为单位，选择演示文稿、展板、海报、录像等形式中的一种或几种，向全班展示、汇报学习成果，根据表4-5-2进行总结与评价。

表4-5-2　项目评价表

班级：_____ 小组：_____ 姓名：_____		指导教师：_____ 日期：_____					
评价项目	评价标准	评价依据	评价方式			权重	得分小计
			学生自评 20%	小组互评 30%	教师评价 50%		
职业素养	1. 遵守企业规章制度、劳动纪律 2. 按时按质完成工作任务 3. 积极主动承担工作任务，勤学好问 4. 人身安全与设备安全	1. 出勤 2. 工作态度 3. 劳动纪律 4. 团队协作精神				0.6	
创新能力	1. 在任务完成过程中能提出自己的有一定见解的方案 2. 在教学或生产管理上提出建议，具有创新性	1. 方案的可行性及意义 2. 建议的可行性				0.4	
合计							

技能实训2

一、实训目标

（1）能够正确绘制电气原理图。
（2）能够正确设计梯形图程序。
（3）能够独立完成循环灯控制线路并正确调试。

二、实训设备与器材

PLC主机FX2N-32MR、计算机、编程电缆、断路器、熔断器、指示灯、按钮等电气元件。

三、实训内容

用乘除法指令实现灯组的移位循环：一组灯共14个，要求当X0为ON时，灯正序每隔1s单个移动，并循环；当X1为ON且Y0为OFF时，灯反序每隔1s单个移位，至Y0为ON时停止。

四、操作步骤

1. I/O地址通道分配

根据对控制要求的分析，进行I/O分配如表4-5-3所示。

表4-5-3　I/O分配表

输　入			输　出		
作用	输入元件	输入点	输出点	输出元件	作用
正序开关	SB1	X0	Y0～Y7 Y10～Y15	HL	
反序开关	SB2	X1			

2. 编制梯形图

彩灯的移位循环控制梯形图如图4-5-6所示。

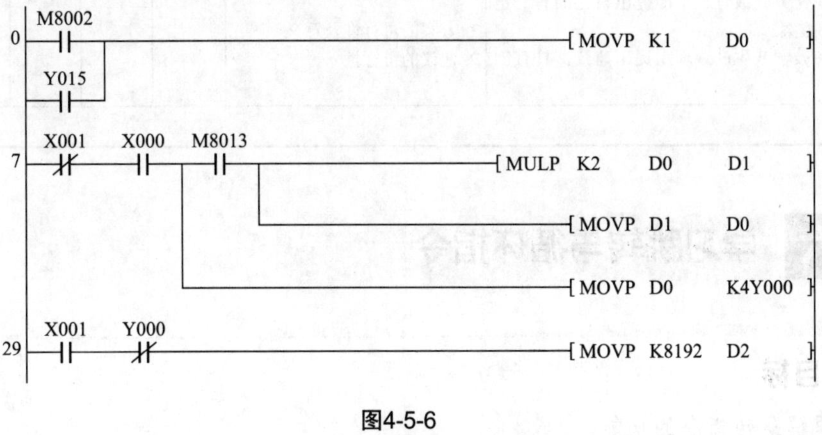

图4-5-6

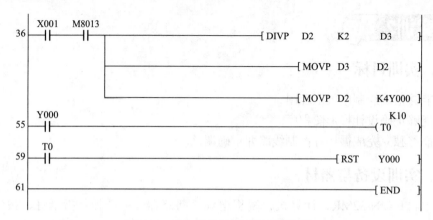

图4-5-6　彩灯的移位循环控制梯形图

3. 程序输入与调试

输入图4-5-6所示梯形图，并进行模拟调试。

五、总结与评价

以小组为单位，选择演示文稿、展板、海报、录像等形式中的一种或几种，向全班展示、汇报学习成果，根据表4-5-4进行总结与评价。

表4-5-4　项目评价表

班级：_____　　　　　指导教师：_____
小组：_____　　　　　日期：_____
姓名：_____

评价项目	评价标准	评价依据	评价方式			权重	得分小计
			学生自评 20%	小组互评 30%	教师评价 50%		
职业素养	1. 遵守企业规章制度、劳动纪律 2. 按时按质完成工作任务 3. 积极主动承担工作任务，勤学好问 4. 人身安全与设备安全	1. 出勤 2. 工作态度 3. 劳动纪律 4. 团队协作精神				0.6	
创新能力	1. 在任务完成过程中能提出自己的有一定见解的方案 2. 在教学或生产管理上提出建议，具有创新性	1. 方案的可行性及意义 2. 建议的可行性				0.4	
合计							

任务六　学习跳转与循环指令

知识目标

（1）理解跳转指令的功能。

（2）理解循环指令功能。

（3）学会跳转与循环指令的应用。

能力目标

（1）培养学生查阅资料、自我学习的能力。

（2）培养学生独立思考的能力。

（3）培养学生解决工程问题的能力。

（4）培养学生团队合作能力。

（5）培养学生创新意识与能力。

素质目标

培养学生安全意识、文明生产意识。

基础知识

一、跳转指令CJ

CJ为条件跳转指令，其功能是当跳转条件成立时跳过一段指令，跳转至指令中所标明的标号处继续执行；若条件不成立则继续顺序执行。由于被跳过的梯形图不再被扫描，因此可以缩短扫描周期。

FX2N的PLC的指针有P0～P127共128个点，P指针作为一种标号，用于跳转指令CJ或子程序调用指令CALL的跳转或调用。

关于指针P在使用时要注意以下几种情况。

（1）一个指针只能出现一次，如果出现两次或两次以上，就会出错。

（2）多条跳转指令可以使用相同的指针。

（3）P63是END所在的步序，在程序中不需要设置P63。

（4）跳转指令具有选择程序段的功能。在同一个程序段中，位于不同程序段的程序不会被同时执行，所以不同程序段中的同一线圈不能视为双线圈。

（5）指针可以出现在相应的跳转指令之前，但是，如果反复跳转的时间超过监控定时器的设定时间，会引起监控定时器出错。

例如在工业控制中，为了提高设备的可靠性，许多设备需要建立自动及手动两种工作方式。这就要求在编程中书写两段程序，一段用于手动，一段用于自动。然后设立一个自动手动的转换开关，以便对程序段进行选择。其功能可以通过图4-6-1所示来实现。

其中，X10为手动/自动的切换开关，当它为ON时，跳过自动程序，执行手动程序；当它为OFF时，将跳过手动程序，执行自动程序。公用程序用于自动程序和手动程序相互切换的处理。

再通过一个实例来了解条件跳转指令CJ的使用，如图4-6-2所示。

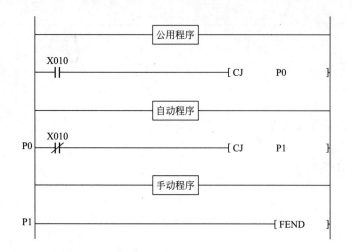 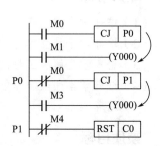

图4-6-1　用跳转指令实现的自动/手动切换程序　　　　图4-6-2　条件跳转指令的使用

（1）若M0接通，则CJ P0的跳转条件成立，程序将跳转到标号为P0处。因为M0常闭是断开的，所以CJ P1的跳转条件不成立，程序顺序执行。按照M3的状态对Y000进行处理。

（2）若M0断开，则CJ　P0的跳转条件不成立，程序会按照指令的顺序执行下去。执行到P0标号处时，由于M0常闭是接通的，则CJ　P1的跳转条件成立，因此程序就会跳转到P1标号处。

（3）Y000为双线圈输出。

在程序在执行过程中，M0常开和M0常闭是一对约束条件，所以线圈Y000的驱动逻辑在任何时候只有一个会发生，所以在图4-6-2中所出现Y000的双线圈输出是可以的。

二、循环指令（FOR、NEXT）

在某些工业控制场合，一些操作需要反复进行。例如对某一采样数据做一定次数的加权运算，或利用反复的加减运算完成一定量的增加或减少，利用反复的乘除运算完成一定量的数据移位等，这些功能都可以通过循环程序来实现。

FOR和NEXT指令是一组循环指令，必须成对使用。FOR为循环开始指令，其操作数适用于所有的字元件，其功能是表示循环扫描从FOR到NEXT之间程序的次数，循环次数的取值范围是1～32767。NEXT表示循环结束指令。如图4-6-3所示为FOR、NEXT指令的应用格式和使用范围。

循环指令在使用时需注意以下问题。

（1）这两条指令无需控制条件，直接与左母线相连即可。

（2）循环指令允许5级嵌套。

（3）FOR和NEXT必须成对使用。

如图4-6-4所示为3级嵌套使用的循环指令，程序的功能是：

当X1为OFF时，不执行跳转指令，则循环体执行C执行4次，循环体B执行4×5=20次，而循环体A则执行4×5×6=120次。当X1为ON时，循环体A不执行。

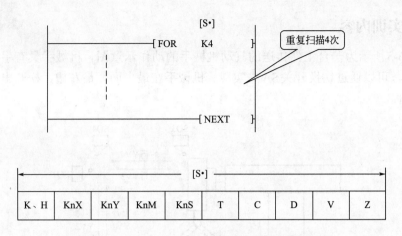

图4-6-3 FOR、NEXT指令的应用格式和使用范围

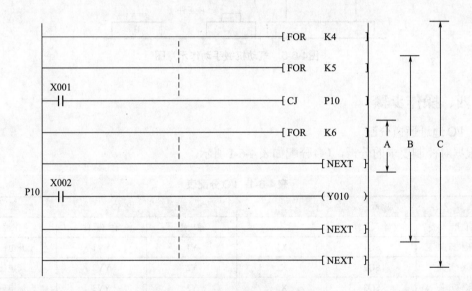

图4-6-4 3级嵌套循环指令的应用

技能实训1

一、实训目标

（1）能够正确绘制电气原理图。
（2）能够正确设计梯形图程序。
（3）能够独立完成机械手的控制线路并正确调试。

二、实训设备与器材

PLC主机FX2N-32MR、计算机、编程电缆、断路器、熔断器、电磁阀、按钮等电气元件。

三、实训内容

如图4-6-5所示为一台工件传送的气动机械手的动作示意图。机械手具有手动和自动两种工作方式，可以通过切换开关SA来实现。机械手在最上面、最左边，松开电磁阀时的位置为原点位置。

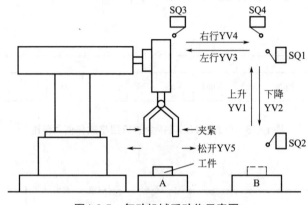

图4-6-5　气动机械手动作示意图

四、操作步骤

1. I/O地址通道分配

根据对控制要求的分析，I/O分配如表4-6-1所示。

表4-6-1　I/O分配表

输　入			输　出		
作用	输入元件	输入点	输出点	输出元件	作用
上限位开关	SQ1	X1	Y1	YV1	上升电磁阀
下限位开关	SQ2	X2	Y2	YV2	下降电磁阀
左限位开关	SQ3	X3	Y3	YV3	左行电磁阀
右限位开关	SQ4	X4	Y4	YV4	右行电磁阀
手动上升	SB3	X10	Y5	YV5	夹紧电磁阀
手动下降	SB4	X11			
手动右行	SB5	X12			
手动左行	SB6	X13			
手动夹紧	SB7	X14			
手动放松	SB8	X15			
启动开关	SB1	X21			
停止开关	SB2	X22			
转换开关	SA	X20			

2. 编制梯形图

气动机械手自动/手动控制梯形图如图4-6-6所示。

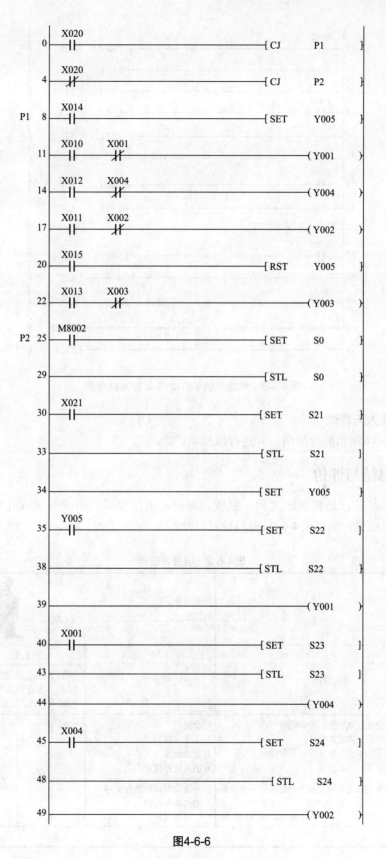

图4-6-6

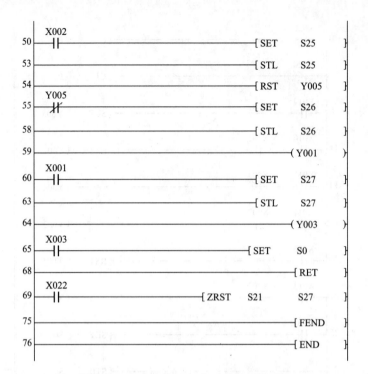

图4-6-6　气动机械手自动/手动控制梯形图

3. 程序输入与调试

输入图4-6-6所示的梯形图，并进行模拟调试。

五、总结与评价

以小组为单位，选择演示文稿、展板、海报、录像等形式中的一种或几种，向全班展示、汇报学习成果，根据表4-6-2进行总结与评价。

表4-6-2　项目评价表

班级：_____ 小组：_____ 姓名：_____			指导教师：_____ 日期：_____				

评价 项目	评价标准	评价依据	评价方式			权重	得分 小计
			学生 自评 20%	小组 互评 30%	教师 评价 50%		
职业 素养	1. 遵守企业规章制度、劳动纪律 2. 按时按质完成工作任务 3. 积极主动承担工作任务，勤学好问 4. 人身安全与设备安全	1. 出勤 2. 工作态度 3. 劳动纪律 4. 团队协作精神				0.6	
创新 能力	1. 在任务完成过程中能提出自己的有一定见解的方案 2. 在教学或生产管理上提出建议，具有创新性	1. 方案的可行性及意义 2. 建议的可行性				0.4	
合计							

技能实训2

一、实训目标

（1）能够正确绘制电气原理图。
（2）能够正确设计梯形图程序。
（3）能够利用循环指令完成算术求和的编程与调试。

二、实训设备与器材

PLC主机FX2N-32MR、计算机、编程电缆、断路器、熔断器、按钮等电气元件。

三、实训内容

用循环指令实现求 $1+2+3+\cdots+100$ 的和。

四、操作步骤

1. 编制梯形图

求和控制梯形图如图4-6-7所示。

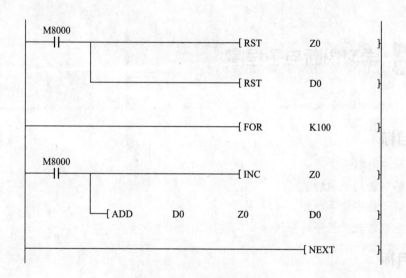

图4-6-7 求和控制梯形图

2. 程序输入与调试

输入图4-6-7所示的梯形图，并进行模拟调试。

五、总结与评价

以小组为单位，选择演示文稿、展板、海报、录像等形式中的一种或几种，向全班展示、汇报学习成果，根据表4-6-3进行总结与评价。

表4-6-3　项目评价表

班级：_____ 小组：_____ 姓名：_____		指导教师：_____ 日期：_____					
评价项目	评价标准	评价依据	评价方式			权重	得分小计
			学生自评 20%	小组互评 30%	教师评价 50%		
职业素养	1. 遵守企业规章制度、劳动纪律 2. 按时按质完成工作任务 3. 积极主动承担工作任务，勤学好问 4. 人身安全与设备安全	1. 出勤 2. 工作态度 3. 劳动纪律 4. 团队协作精神				0.6	
创新能力	1. 在任务完成过程中能提出自己的有一定见解的方案 2. 在教学或生产管理上提出建议，具有创新性	1. 方案的可行性及意义 2. 建议的可行性				0.4	
合计							

任务七　学习中断与子程序

知识目标

（1）理解中断概念。

（2）理解中断指令的功能。

（3）理解子程序指令功能。

（4）学会中断与子程序的应用。

能力目标

（1）培养学生查阅资料、自我学习的能力。

（2）培养学生独立思考的能力。

（3）培养学生解决工程问题的能力。

（4）培养学生团队合作能力。

（5）培养学生创新意识与能力。

素质目标

培养学生安全意识、文明生产意识。

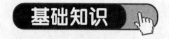

一、中断

在日常生活中，当人们正在做某项工作时，有一件更为重要的事情需要马上处理，这时就需要暂停正在做的工作，转去处理这一紧急事务，等处理完这一紧急事务后，再继续去完成刚才暂停的工作。

PLC同样也有这样的工作方式，称为中断。所谓中断，就是指在主程序的执行过程中，中断主程序去执行中断子程序，执行完中断子程序后再回到刚才中断的主程序处继续执行。

中断程序具有以下特点。

（1）中断不受PLC扫描工作方式的影响，以使PLC能迅速响应中断事件。

（2）中断子程序是为某些特定的控制功能而设定的。所以要求中断子程序的响应时间小于机器的扫描时间。

能引起中断的信号叫做中断源，FX2N系列PLC共有三类中断源：外部中断、定时器中断和高速计数中断。

二、中断指针

中断指针用I来表示，它是用来指明某一中断源的中断程序入口指针，当执行到IRET（中断返回）指令时返回主程序。中断指针I应在FEND（主程序结束指令）之后使用。

用于中断服务子程序的地址指针有I0□□～I8□□共9个点。

（1）当中断源为外部请求信号时，使用I0□□～I5□□5个点，且中断请求信号由输入端X0～X5输入并且要求信号脉冲的宽度大于200μs。

（2）当中断源是以一定时间间隔产生的内部中断信号时，使用I6□□～I8□□共3个点。其分类如图4-7-1所示。

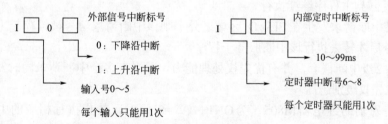

图4-7-1 中断指针的分类

例如I001表示当输入X0从OFF变为ON时，执行由该指针作为标号的中断服务子程序，并根据IRET返回。

I610表示每隔10ms就执行标号为I610后面的中断服务子程序，并根据IRET返回。

三、中断指令（EI、DI、IRET）

与中断有关的指令共有三个：EI、DI、IRET，其中EI是允许中断指令，DI是禁止中断指令，IRET是中断返回指令。如图4-7-2所示为中断指令的使用格式。

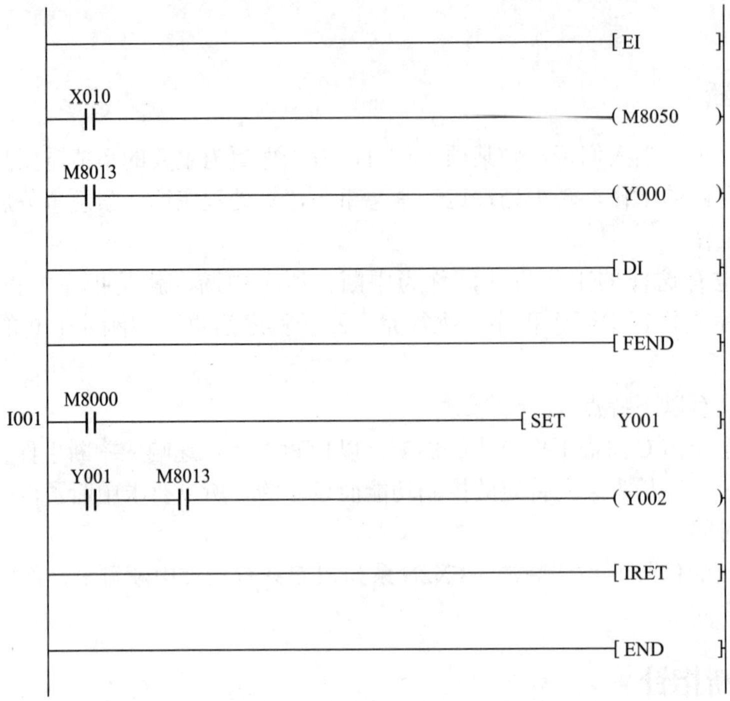

图4-7-2　中断指令的使用格式

中断指令在使用时要注意以下情况。

（1）三个指令既没有驱动条件，也没有操作数，在梯形图上直接与左右母线相连。

（2）中断程序放在FEND指令之后。

（3）EI到DI之间为允许中断区间，CPU在扫描其梯形图时，若有中断请求信号产生，则CPU停止扫描当前梯形图，转而去执行中断指针I□□□标号的中断服务子程序，直到IRET指令才返回到主程序继续执行。

（4）如果中断请求发生在EI到DI区域之外，则该中断请求信号被锁存起来，直到CPU扫描到EI指令后才转去执行该中断服务子程序。

（5）允许2级中断嵌套，并有优先权处理能力。即当有多个中断请求同时发生时，中断标号越小者优先权级别越高。

另外，特殊辅助继电器M805Δ为ON时（Δ=0～8），禁止执行相应的中断IΔ□□。例如当M8050为ON时，禁止执行相应的中断I000和I001。当M8059为ON时，关闭所有的计数器中断。

四、FEND指令

FEND是主程序结束指令，表示主程序结束、子程序开始。在一般情况下，FEND和END有相同的处理，如警戒定时器刷新，各定时器与计数器当前值刷新、输出处理、自诊断、输入处理等操作后返回零步。FEND是一条不需要控制条件又没有操作数的指令。

FEND和END指令的区别如下。

（1）FEND是主程序结束指令，END是用户程序结束指令。

（2）在END之后不能使用FEND指令。

（3）多个FEND指令可以用来分离不同的主程序。

FEND指令的应用如图4-7-3所示。

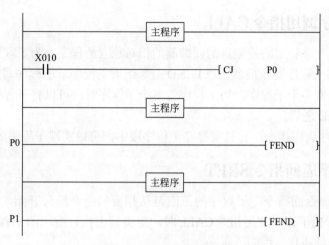

图4-7-3　FEND指令的应用

五、警戒定时器刷新指令WDT

WDT是刷新警戒定时器的指令。警戒定时器是一个专用的监视定时器，其设定值存放在专用的数据寄存器D8000中，它的默认值是200ms，计时单位是ms。

PLC正常工作时扫描周期小于它的定时时间，如果强烈的外部干扰使PLC偏离正常的程序执行路线，则监控器将不会再被复位，定时时间到时PLC将被停止运行，同时PLC上的CPU-E灯亮。

如果扫描周期大于它的定时时间，可以将WDT指令插入到合适的程序步中用来刷新监控定时器。如图4-7-4中，有一个程序的扫描周期为240ms，则在程序中插入一个WDT指令，使前半部分和后半部分都在200ms以下。

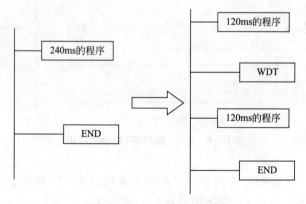

图4-7-4　WDT指令的应用

如果在循环程序中的执行时间可能会超过监控定时器的定时时间，可以将WDT指令插入到循环程序中。

若条件跳转指令CJ在它对应的指针之后，可能会因连续反复跳转而使它们之间的程序被反复执行，这时总的执行时间就会超过监控定时器的定时时间，这时可以在CJ和对应的指针之间插入WDT指令。

六、子程序调用指令CALL

子程序是为了一些特定的控制目的而编制的相对独立的程序，为了区别于主程序，规定在程序编排时，将主程序写在前面，以FEND指令结束主程序；子程序写在FEND指令的后面。主程序可以带有多个子程序，当主程序带多个子程序时，可以将子程序依次排列在主程序的结束指令FEND之后。

CALL是子程序调用指令，将其安排在主程序段中，可以实现子程序的调用。

七、子程序返回指令SRET

SRET是子程序返回指令，子程序的范围是从相应的指针标号开始，直到SRET指令结束。每当程序执行到子程序调用指令CALL时，都将转去执行响应的子程序，当遇到SRET时则返回原断点继续执行原程序。

SRET不需要驱动条件，也没有操作数。

CALL和SRET指令的应用如图4-7-5所示。

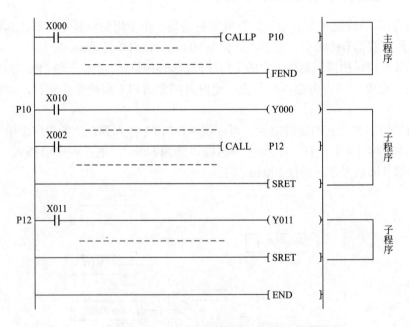

图4-7-5　CALL和SRET指令的应用

图4-7-5是子程序一级嵌套的例子，子程序最多可以实现五级嵌套。子程序P10是脉冲执行方式，X0每接通一次，子程序P10就执行一次。在子程序P10执行的过程中，如果X2接通，则程序会转向子程序P12，当子程序P12执行到SRET之后又回到P10原断点处继续执行P10。当子程序P10执行到SRET指令时，则返回主程序原断点处执行。

技能实训

一、实训目标

（1）能够正确绘制电气原理图。

（2）能够正确设计梯形图程序。

（3）能够独立完成定时器编程与调试。

二、实训设备与器材

PLC主机FX2N-32MR、计算机、编程电缆、断路器、熔断器、按钮等电气元件。

三、实训内容

用定时中断实现周期为10s的高精度定时，定时时间到，指示灯亮。

四、操作步骤

1. 分析控制要求

使用中断指针I650，表示每隔50ms执行一次中断程序，对D0加1，当加到D0=200时对应的时间是10s，再通过触点比较指令实现数据寄存器的复位和输出控制的实现。

2. 编制梯形图

控制程序梯形图如图4-7-6所示。

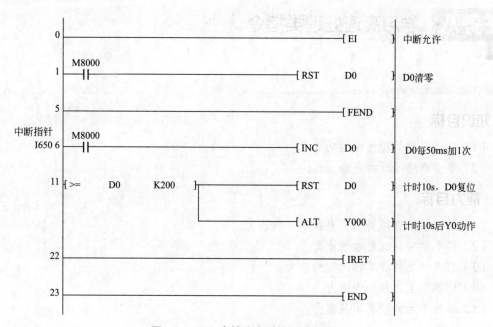

图4-7-6　10s高精度定时控制梯形图

3. 程序输入与调试

输入图4-7-6所示的梯形图，并进行模拟调试。

五、总结与评价

以小组为单位，选择演示文稿、展板、海报、录像等形式中的一种或几种，向全班展示、汇报学习成果，根据表4-7-1进行总结与评价。

表4-7-1　项目评价表

班级：_____ 小组：_____ 姓名：_____		指导教师：_____ 日期：_____					
评价项目	评价标准	评价依据	评价方式			权重	得分小计
			学生自评 20%	小组互评 30%	教师评价 50%		
职业素养	1. 遵守企业规章制度、劳动纪律 2. 按时按质完成工作任务 3. 积极主动承担工作任务，勤学好问 4. 人身安全与设备安全	1. 出勤 2. 工作态度 3. 劳动纪律 4. 团队协作精神				0.6	
创新能力	1. 在任务完成过程中能提出自己的有一定见解的方案 2. 在教学或生产管理上提出建议，具有创新性	1. 方案的可行性及意义 2. 建议的可行性				0.4	
合计							

任务八　学习高速处理类指令

知识目标

（1）理解高速处理指令的功能。
（2）学会高速处理指令的应用。

能力目标

（1）培养学生查阅资料、自我学习的能力。
（2）培养学生独立思考的能力。
（3）培养学生解决工程问题的能力。
（4）培养学生团队合作能力。
（5）培养学生创新意识与能力。

素质目标

培养学生安全意识、文明生产意识。

基础知识 🖑

一、立即刷新指令（REF）、修改滤波时间常数指令（REFF）

REF是I/O立即刷新指令，16位操作指令为REF、REF（P）。指令功能是将目标元件为首地址的连续n个元件状态刷新。目标元件只能是X、Y，且首址为10的倍数，n为8的倍数。如图4-8-1所示为REF指令的应用格式。

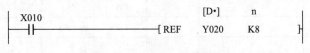

图4-8-1 REF指令的应用格式

REFF是修改滤波时间常数和立即刷新高速输入指令，16位操作指令为REFF、REFF（P）。指令功能是：立即刷新高速输入X0～X7，并修改其滤波时间常数。常数n表示数字滤波时间常数的设定值，其取值范围是0～60ms，n=0时的实际设定值为50μs。如图4-8-2所示为REFF指令的应用格式。应注意的是REFF指令必须在程序运行时间一直被驱动，否则X0～X7输入滤波时间常数将被恢复至默认值10ms。

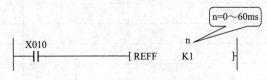

图4-8-2 REFF指令的应用格式

二、高速计数器

普通的计数器的工作受扫描频率的限制，只能对低于扫描频率的信号计数。而在工业控制中，很多由其他物理量转化成的频率信号一般要高于扫描频率，有时能达到数千赫兹。例如，光电编码器可以将转速信号变换为脉冲信号，转速越高，单位时间内的脉冲数就越多，频率就越高。这时普通的计数器不能满足计数的需求，需要使用高速计数器。

FX2N系列PLC设有C235～C255共21点高速计数器。高速计数器的特点是：

（1）它们共享8个高速输入口X0～X7。

（2）使用某个高速计数器时可能要同时使用多个输入口，而这些输入口又不能被多个高速计数器重复使用。

（3）在实际应用中，最多只能由6个高速计数器同时工作。这样设置是为了使高速计数器能具有多种工作方式，以方便在各种控制工程中选用。

FX2N系列PLC的高速计数器分类如下：

一相无启动/复位端子　　　　C235～C240

一相带启动/复位端子　　　　C241～C245

一相双输入型　　　　　　　　C246～C250

二相A-B相型　　　　　　　　C251～C255

高速计数器均为32位增减计数器，如表4-8-1所示为FX2N系列可编程高速计数器和各输入端之间的对应关系。

表4-8-1 FX2N系列高速计数器

输入 计数器		X0	X1	X2	X3	X4	X5	X6	X7
一相无 启动/复位	C235	U/D							
	C236		U/D						
	C237			U/D					
	C238				U/D				
	C239					U/D			
	C240						U/D		
一相带 启动/复位	C241	U/D	R						
	C242			U/D	R				
	C243				U/D	R			
	C244	U/D	R					S	
	C245			U/D	R				S
一相 双输入	C246	U	D						
	C247	U	D	R					
	C248				U	D	R		
	C249	U	D	R				S	
	C250				U	D	R		S
两相 A-B相型	C251	A	B						
	C252	A	B	R					
	C253				A	B	R		
	C254	A	B	R				S	
	C255				A	B	R		S

在表4-8-1中，U表示增计数输入；D表示减计数输入；A表示A相输入；B表示B相输入；R表示复位输入；S表示启动输入。

三、高速计数器的应用

1.一相无启动/复位端高速计数器的应用

一相无启动/复位端的高速计数器（C234～C240）的计数方式及触点动作与普通的32位计数器相同：增计数时，当计数值达到设定值时，触点动作并保持；减计数时，当计数值达到设定值时则复位。其中计数方向取决于计数方向标志继电器M8235～M8240。

一相无启动/复位端高速计数器工作的梯形图如图4-8-3所示，这类计数器只有

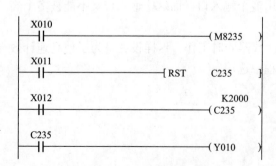

图4-8-3 一相无启动/复位端高速计数器的工作梯形图

一个脉冲输入端。例如C235的输入端为X0。图4-8-3中，X10是由程序安排的计数方向的选择信号，接通时为减计数，断开时为增计数（当程序中无辅助继电器M8235的相关程序时，默认为增计数）；X11为复位信号，接通时，执行复位；X12是由程序安排的C235的启动信号；Y10为计数器C235控制的对象。

2. 一相带启动/复位端高速计数器的应用

一相带启动/复位端高速计数器（C241 ～ C245），这些计数器与一相无启动/复位端高速计数器的区别是：增加了外部启动和外部复位的控制端子。其工作梯形图如图4-8-4所示。

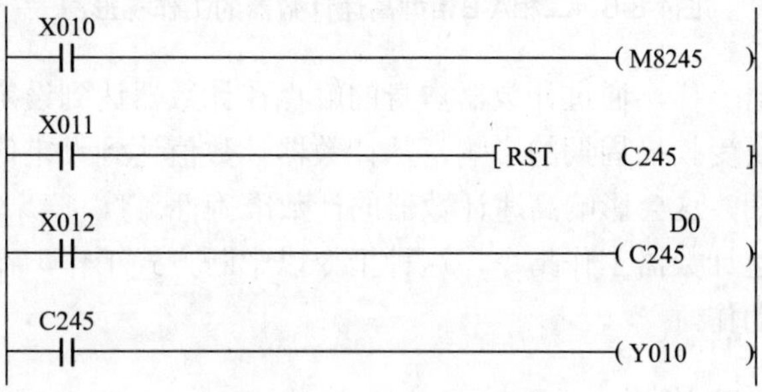

图4-8-4　一相带启动/复位端高速计数器的工作梯形图

图4-8-4中，C245的计数输入端口为X2，系统启动信号输入为X7端，系统复位输入信号为X3端。X7端子上送入的外启动信号只有在X12接通，计数器C245被选中时才有效；X3和X11（用户程序复位）这两个信号则并行有效。

3. 一相双输入端高速计数器的应用

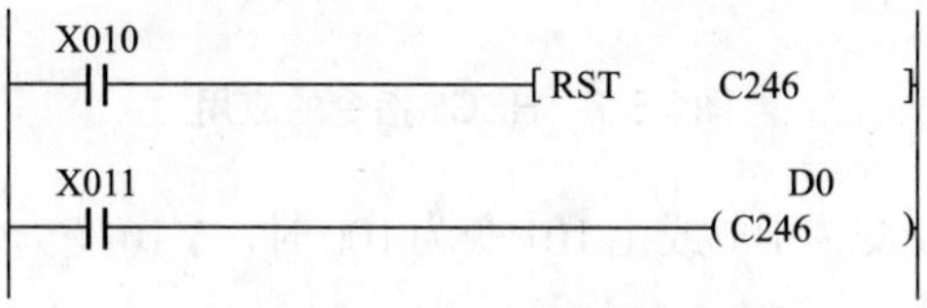

图4-8-5　一相双输入端高速计数器的工作梯形图

一相双输入端高速计数器（C246 ～ C250），这类高速计数器有两个外部计数输入端子，一个端子上送入的计数脉冲为增计数，另一个端子上送入的为减计数。其工作梯形图如图4-8-5所示。对于C246，X0及X1分别为C246的增计数输入端及减计数输入端，C246的启动和复位是通过程序来实现的。

还有的一相双输入端高速计数器带有外复位及外启动端，如C250。X3和X4分别为C250的增计数输入端及减计数输入端。X7、X5分别为外启动及外复位端。

4. 二相A-B相型高速计数器的应用

二相A-B相型高速计数器（C251 ～ C255），这些高速计数器的两个脉冲输入端子是同时工作的，外计数方向的控制方式由二相脉冲间的相位决定。

如图4-8-6所示，对于C251，X0、X1分别为A相、B相的输入端。当A相信号为1且B相信号为上升沿时为增计数，B相信号为下降沿时为减计数。

高速计数器是实现数值控制的一种元件，使用的目的是通过高速计数器的计数值控制其他器件的工作状态，高速计数器通常有两种使用方式：

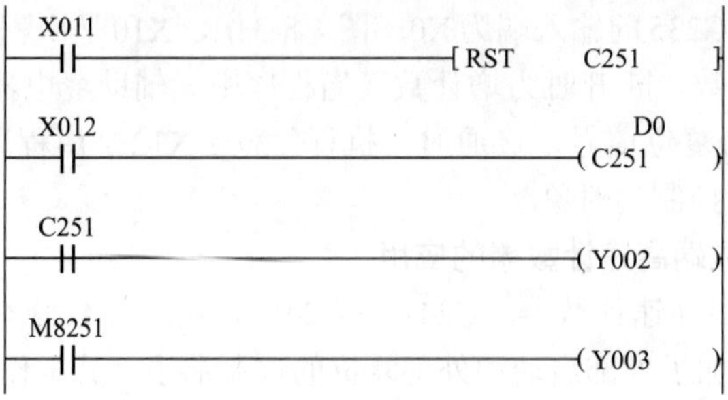

```
      X011
      ──┤├──────────────────────────[ RST    C251 ]
      X012                                    D0
      ──┤├───────────────────────────────( C251 )
      C251
      ──┤├───────────────────────────────( Y002 )
      M8251
      ──┤├───────────────────────────────( Y003 )
```

图4-8-6　二相A-B相型高速计数器的工作梯形图

（1）和普通计数器一样，通过计数器本身的触点在计数器达到设定值时动作并完成控制任务。这种工作方式要受扫描周期的影响，从计数器计数值达到设定值至输出动作的时间有可能大于一个扫描周期，这会影响高速计数器的计数准确性。

（2）直接使用高速计数器工作指令，这种指令以中断方式工作，在计数器达到设定值时立即驱动相关的输出动作。

四、高速计数器指令

1. HSCS指令

HSCS是高速计数器置位指令，其使用格式如图4-8-7所示。

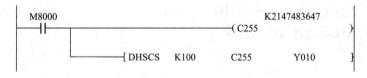

图4-8-7　HSCS指令的应用

当C255的当前值由99变为100或由101变为100时，Y10变为ON。

2. HSCR指令

HSCR是高速计数器复位指令，其使用格式如图4-8-8所示。

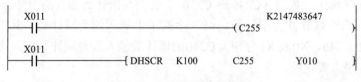

图4-8-8　HSCR指令的应用

当C255的当前值由99变为100或由101变为100时，Y10变为OFF（即被复位）。

五、速度检测指令（SPD）

SPD是速度检测指令，16位操作有SPD、SPD（P）。指令功能是在源数S2设定的时间内（ms），对源数S1输入的脉冲进行计数，计数的当前值存放在目标元件D+1中，终值存放在目标元件D中，当前计数的剩余时间（ms）存放在目标元件D+2中。SPD指令的应用格式和使用范围如图4-8-9所示。

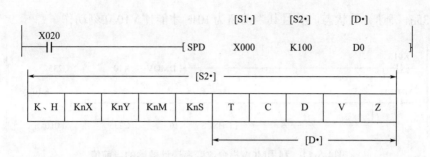

图4-8-9　SPD指令的应用格式和使用范围

SPD指令采用高速计数和中断处理方式，计数脉冲从高速输入端X0～X5输入，当执行该指令时，目标元件D+1存计数当前值，计数时间结束后，当前值立即写入目标元件D中，D+1的当前值复位并开始下一次对S1输入脉冲进行计数。根据S2设定时间，可以采用以下公式来计算线速度：

$$V = \frac{3600D}{n \times S2} \times 10^3, \quad N = \frac{60D}{n \times S2} \times 10^3$$

式中，D为目标元件存放的脉冲计数的终值；n为编码器每千米或每圈产生的脉冲数。

技能实训

一、实训目标

通过调试下面的梯形图程序，正确理解高速指令的应用。

二、实训设备与器材

PLC主机FX2N-32MR、计算机、编程电缆、断路器、熔断器、按钮等电气元件。

三、实训内容

（1）如图4-8-10所示，当计数器的当前值等于设定值时，C235的触点接通，Y10被置位。使用触点比较指令当C235的当前值大于等于10时，Y11置位。在这个程序里，Y10和Y11都是按照程序扫描输出，输出反应没有使用HSCS指令动作反应快。

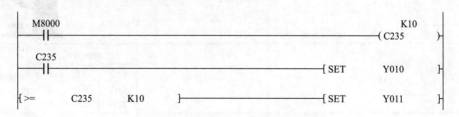

图4-8-10　高速计数器的扫描输出

（2）在图4-8-11中，如果X0不输入脉冲，只是通过MOV指令传送高速计数器的当前值。当X10接通时，虽然C235的当前值是10，但是Y10没有输出。要想让Y10立刻输出，必须是C235在高速计数状态，并且其当前值为10时才能使Y10立刻动作。

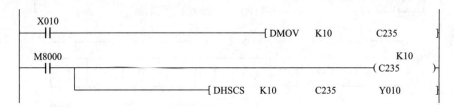

图4-8-11 利用MOV指令改变高速计数器的当前值

（3）在图4-8-12中，当X0输入脉冲时，C241高速计数；当接通X10时，C241的当前值会复位，但是Y10不会接通。而当X0输入脉冲时，C241高速计数，当接通C241的外部复位端子X1时，C241的当前值被复位，所以Y10会立刻被置位。

```
   X011
   ─┤├──────────────────────────[ RST    Y010  ]
   X010
   ─┤├──────────────────────────[ RST    C241  ]
   M8000
   ─┤├──────────────────────────────────( M8025 )
     │                                    K120
     │                                   ( C241  )
     └───────────────────[ DHSCS  K0   C241    Y010 ]
```

图4-8-12 高速计数器的复位模式

四、操作步骤

输入图4-8-10～图4-8-12所示的梯形图，并进行模拟调试。

五、总结与评价

以小组为单位，选择演示文稿、展板、海报、录像等形式中的一种或几种，向全班展示、汇报学习成果，根据表4-8-2进行总结与评价。

表4-8-2 项目评价表

班级：_____ 小组：_____ 姓名：_____			指导教师：_____ 日期：_____				
评价项目	评价标准	评价依据	评价方式			权重	得分小计
			学生自评20%	小组互评30%	教师评价50%		
职业素养	1.遵守企业规章制度、劳动纪律 2.按时按质完成工作任务 3.积极主动承担工作任务，勤学好问 4.人身安全与设备安全	1.出勤 2.工作态度 3.劳动纪律 4.团队协作精神				0.6	

续表

评价项目	评价标准	评价依据	评价方式			权重	得分小计
			学生自评 20%	小组互评 30%	教师评价 50%		
创新能力	1. 在任务完成过程中能提出自己的有一定见解的方案 2. 在教学或生产管理上提出建议，具有创新性	1. 方案的可行性及意义 2. 建议的可行性				0.4	
合计							

任务九　学习脉冲输出指令

知识目标

（1）理解脉冲输出指令功能。

（2）学会脉冲指令的应用。

能力目标

（1）培养学生查阅资料、自我学习的能力。

（2）培养学生独立思考的能力。

（3）培养学生解决工程问题的能力。

（4）培养学生团队合作能力。

（5）培养学生创新意识与能力。

素质目标

培养学生安全意识、文明生产意识。

基础知识

步进电动机一种非常精密的动力装置，它可以将脉冲信号变换成相应的角位移（或直线线位移）。当有脉冲输入时，步进电动机一步一步地转动，每给它一个脉冲信号，它就转过一定的角度。步进电动机的角位移量和输入脉冲的个数严格成正比，在输入时间上与输入脉冲同步，因此只要控制输入脉冲的数量、频率及电动机绕组通电的相序，便可获得所需的转角、转速及转动方向。在没有脉冲输入时，它处于定位状态。步进电动机是在大多数的应用中，可以通过PLC的脉冲实现精确定位。例如在自动化生产线中物料的分层存放，就可以通过步进电动机来确定其精确的位置。

一、PLSY指令

PLSY是脉冲输出指令,指令的应用格式如图4-9-1所示,其功能是条件满足时,以[S1·]的频率送出[S2·]个脉冲达到[D·]。我们所选用的FX2N的PLC中,只有Y0、Y1端口可以作为高速脉冲输出端,并且它的最高输出频率为1000kHz。

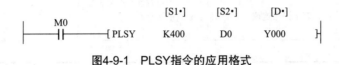

图4-9-1 PLSY指令的应用格式

二、PLSR指令

PLSR是带加减速的脉冲输出指令,指令的应用格式如图4-9-2所示,其功能是条件满足时,针对指定的最高频率进行定加速,在达到所指定的输出脉冲数后,进行定减速。

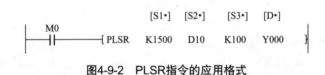

图4-9-2 PLSR指令的应用格式

其中[S1·]是指定的最高输出频率(Hz),其值只能是10的倍数,范围是10 ～ 20k(Hz),[S1·]可以是T、C、D或者是位组合元件。图4-9-2中最高频率是1500Hz。

[S2·]是指定的输出脉冲数,数值是110 ～ 2124483647,脉冲数小于110时,脉冲不能正常输出,[S2·]可以是T、C、D或者是位组合元件。图4-9-2中输出脉冲数是D10里的数值。

[S3·]是指定的加减速时间,设定范围是5000ms以下,[S3·]可以是T、C、D或者是位组合元件。

[D·]是指定的脉冲输出端子,[D·]只能是Y0或者Y1。

PLSR指令的使用说明:

(1)当驱动点断开时输出会立刻不减速地中断。这是本指令的缺点,如果在最高频率时中断驱动,会使外部执行元件紧急停止,对机械结构容易造成损伤。

(2)当三个源操作数改变后,指令不会立刻按新的数据执行,而是要等到下一次驱动指令由断开到闭合时才生效。

技能实训 👆

一、实训目标

(1)能够正确绘制电气原理图。

(2)能够正确设计梯形图程序。

(3)能够独立完成步进电动机控制线路并正确调试。

二、实训设备与器材

PLC主机FX2N-32MR、计算机、编程电缆、断路器、熔断器、按钮等电气元件。

三、实训内容

编制PLC控制程序，实现以下功能：X0接通一次，步进电动机以400Hz的频率正转3圈；X1接通一次，步进电动机以400Hz的频率反转3圈；X2接通一次，电动机停止转动。

四、操作步骤

通过分析可选择步进电动机的步距角为0.225°，即表示步进电动机转动一圈需要1600个脉冲，因此转3圈需要4800个脉冲。通过Y0来控制脉冲输出，用Y2来控制转动方向。I/O分配表如表4-9-1所示。

1. I/O地址通道分配

根据对控制要求分析，进行I/O分配如表4-9-1所示。

表4-9-1　I/O分配表

输　入			输　出		
作用	输入元件	输入点	输出点	输出元件	作用
正启动按钮	SB1	X0	Y0	计数脉冲输出	
反启动按钮	SB2	X1	Y2	方向脉冲	方向
停止按钮	SB3	X2			

2. 编制梯形图

PLC控制步进电动机运行的梯形图如图4-9-3所示。

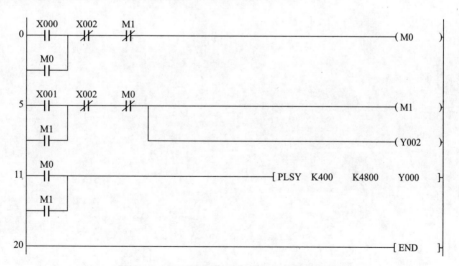

图4-9-3　PLC控制步进电动机运行的梯形图

3. 程序输入与调试

输入图4-9-3所示梯形图，并进行模拟调试。

五、总结与评价

以小组为单位，选择演示文稿、展板、海报、录像等形式中的一种或几种，向全班展示、汇报学习成果，根据表4-9-2进行总结与评价。

表4-9-2　项目评价表

班级：_____ 小组：_____ 姓名：_____			指导教师：_____ 日期：_____				
评价项目	评价标准	评价依据	评价方式			权重	得分小计
			学生自评 20%	小组互评 30%	教师评价 50%		
职业素养	1. 遵守企业规章制度、劳动纪律 2. 按时按质完成工作任务 3. 积极主动承担工作任务，勤学好问 4. 人身安全与设备安全	1. 出勤 2. 工作态度 3. 劳动纪律 4. 团队协作精神				0.6	
创新能力	1. 在任务完成过程中能提出自己的有一定见解的方案 2. 在教学或生产管理上提出建议，具有创新性	1. 方案的可行性及意义 2. 建议的可行性				0.4	
合计							

项目五

PLC的模拟量控制

学习模拟量输入模块FX2N-2AD的应用

知识目标

（1）理解模拟量与数字量概念。

（2）理解模拟量控制系统。

（3）学会应用模拟量读写指令。

（4）认识模拟量输入模块FX2N-2AD。

（5）学会正确应用模拟量输入模块FX2N-2AD。

能力目标

（1）培养学生查阅资料、自我学习的能力。

（2）培养学生独立思考的能力。

（3）培养学生解决工程问题的能力。

（4）培养学生团队合作能力。

（5）培养学生创新意识与能力。

素质目标

培养学生安全意识、文明生产意识。

基础知识

一、模拟量与数字量

1. 模拟量

在时间上或数值上都是连续变化的物理量称为模拟量。表示模拟量的信号叫模拟信号，例如在工业中常见的有压力、流量、温度、速度、电压和电流等模拟量信号。

2. 数字量

在时间上和数量上都是离散的物理量称为数字量（也称为开关量）。表示数字量的信号叫数字信号。在数字量中，只有两种状态，相当于开和关的状态，如果把开用"1"表示，关用"0"表示，则正好与二进制的"1"和"0"相对应起来。因此，可以把由二进制数所表示的量称为数字量。

二、PLC模拟量控制系统

1. PLC模拟量控制系统组成

PLC本身是一个数字控制设备，只能处理开关信号的逻辑关系的开关量控制，不能直接处理模拟量。如果要进行模拟量控制，可由PLC的基本单元加上模拟量输入/输出扩展单元来实现。即由PLC自动采样来自检测元件或变送器的模拟输入信号，同时将采样的信号转换为数字量，存到指定的数据寄存器中，经过PLC对这些数字量的运算处理来进行模拟量控制。同样，经过PLC处理的数字量也不能直接送去执行电气元件，必须把数字量转换为模拟量后才能控制电气执行元件的动作。如图5-1-1所示为PLC模拟量控制系统组成框图。

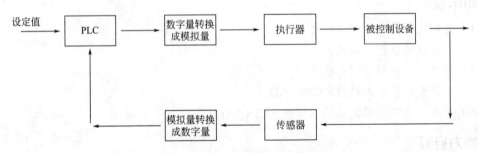

图5-1-1　PLC模拟量控制系统组成框图

2. PLC模拟量输入与输出方式

（1）PLC的模拟量输入方式　目前大部分PLC的模拟量输入是采用模拟量输入转换模块（A/D）进行的。用模拟量输入模块进行模拟量输入，首先把模拟量通过相应的传感器和变送器转换成标准的电压（$0 \sim 10V$ 或 $-10 \sim 10V$）和电流（$0 \sim 20mA$ 或 $4 \sim 20mA$）才能接入到输入模块通道。

（2）PLC的模拟量输出方式　在PLC的模拟量输出控制方面，主要采用模拟量输出模块（D/A）进行控制。一般D/A模块具有两路以上通道，可以同时输出两个以上的模拟量来控制执行器。在很多情况下，模拟量输出还可以输出占空比可调的脉冲序列信号。

三、特殊模块读（FROM）/写（TO）指令

先来认识一下模拟量输入/输出的流程示意图，如图5-1-2所示。

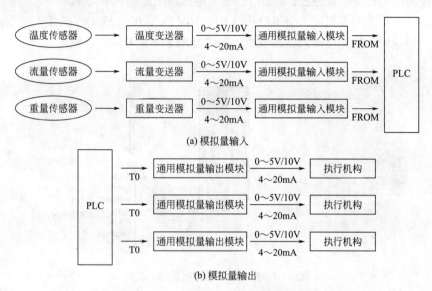

图5-1-2　模拟量输入/输出流程示意图

使用FROM、TO指令实现可以实现模拟量模块与PLC之间的数据传输。FROM与TO指令的应用格式和使用范围如图5-1-3所示。

FROM是读指令，如图5-1-3所示，其功能是将指定的m1模块号中的第m2个缓冲存储器开始的连续的n个数据读到指定目标［D•］开始的连续的n个字中。

TO是写指令，如图5-1-3所示，其功能是将个［S•］指定地址开始的连续n个字的数据，写到m1指定的模块号中第m2个缓冲寄存器开始的连续n个字中。

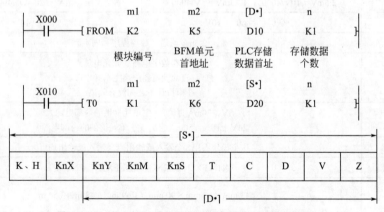

图5-1-3　FROM、TO指令的应用格式和使用范围

四、FX2N-2AD介绍

FX2N-2AD模块是一种2通道、12位高精度的A/D转换输入模块，如图5-1-4所示。它的功能是将在一定范围内变化的电压或电流输入信号转换成相应的数字量供给PLC主机读取。

FX2N-2AD可用于连接FX0N、FX2N和FX2NC 系列的程序控制系统。

1. FX2N-2AD功能

（1）模拟值的设定可以通过2个通道的输入电压或电流输入来完成。

（2）这两个频道的模拟输入值可以接收 0 ～ 10V DC、0 ～ 5V DC 或者 4 ～ 20mA 信号。

（3）模拟量输入值是可调的，该模块能自动分配 8 个 I/O（输入 / 输出）。

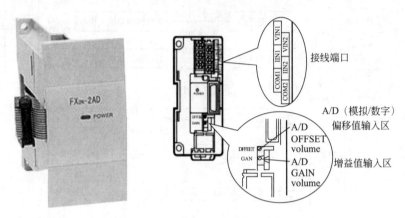

图5-1-4　FX2N-2AD模拟量输入模块

2. FX2N-2AD模拟量输入模块性能

FX2N-2AD模拟量输入模块性能如表 5-1-1 所示。

表5-1-1　FX2N-2AD模拟量输入模块性能

项目	输入电压	输入电流
模拟量输入范围	0 ～ 10V直流，0 ～ 5V直流（输入电阻200kΩ），绝对最大量程：–0.5V 和 +15V直流	4 ～ 20mA（输入电阻250Ω），绝对最大量程：–2mA 和 +60mA
数字输出	12 位（0 ～ 4000）	
分辨率	2.5mV（10V/4000），1.25mV（5V/4000）	4μA｛（20–4）/4000｝
总体精度	±1%（满量程0 ～ 10V）	±1%（满量程4 ～ 20mA）
转换速度	2.5ms/ 通道（顺控程序和同步）	
隔离	在模拟和数字电路之间光电隔离 直流 / 直流变压器隔离主单元电源。 在模拟通道之间没有隔离	
电源规格	5V、20mA 直流，（主单元提供的内部电源） 24V±10%、50mA 直流（主单元提供的内部电源）	
占用的I/O点数	这个模块占用 8 个输入或输出点（输入或输出均可）	
适用的控制器	FX1N/FX2N/FX2NC（需要FX2NC-CNV-IF）	
尺寸（宽）×（厚）×（高）	43 mm×87 mm×90 mm（1.69 in×3.43 in×3.54 in）	
质量（重量）	0.2kg（0.44lbs）	

五、接线与标定

1. FX2N-2AD的接线

FX2N-2AD的接线如图 5-1-5 所示。

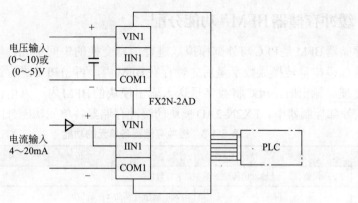

图5-1-5 FX2N-2AD的接线

接线说明：

（1）FX2N-2AD不能有一个通道输入模拟电压值而另一个通道输入电流值，因为两个频道不能使用同样的偏移值和增益值。

（2）对于电流输入，按照如图5-1-5所示短接VIN1和IIN1。

（3）当电压输入存在电压波动时，连接一个0.1～0.47 μF/25V DC的电容器。

（4）一个PLC的基本单元最多可连接8个特殊功能模块，如图5-1-6所示。多个特殊模块相连接时，PLC的特殊模块的位置是由特定的位置编号的。编号原则是从基本单元最近的模块算起，由近到远分别是0#、1#、…、7#编号，如图5-1-6所示。

图5-1-6 8个特殊功能模块连接

2. FX2N-2AD标定

在模拟量控制中，当模拟量转换成数字量后，数字量和模拟量之间存在一定对应关系，这种对应关系称为标定。同样当数字量转换成模拟量后，它们之间的对应关系也称为标定。标定一般用函数关系曲线和表格来表示，如表5-1-2所示是FX2N-2AD的标定。

表5-1-2 FX2N-2AD标定

类别	输入电压	输入电流
输入特性	模拟值：0～10V 数字值：0～4000	模拟值：0～20mA 数字值：0～4000

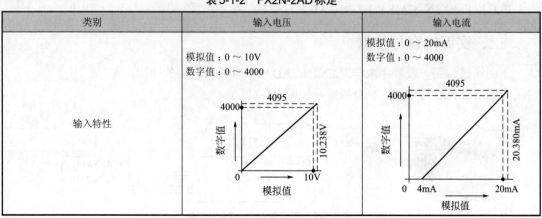

六、缓冲存储器BFM#功能分配

缓冲存储器BFM是PLC与外部模拟量进行信息交换的中间单元。输入时，有模拟量输入模块将外部模拟量转换成数字量后先暂存在BFM内，再由PLC进行读取，送入PLC的字元件进行处理。输出时，PLC将数字量送入输出模块的BFM内，再由输出模块自动转换成模拟量送入外部控制器中。FX2N-2AD模块的缓冲存储器各单元功能分配如表5-1-3所示。

表5-1-3　缓冲存储器各单元的功能

BFM数据	15位～8位	7位～4位	3位	2位	1位	0位
#0	保留	输入电流值（附属的8位数值）				
#1	保留		输入电流值（高阶4位数值）			
#2～#6	保留					
#17	保留				模拟值到数字值的开始转换	模拟值到数字值的转频
#18或以上	保留					

缓冲存储器应用说明：

（1）当FX2N-AD模块采样到的模拟量被转换成12位数字量后，被PLC读入到一个数据存储器中。数字量的低8位当前值，以二进制形式存储在BFM#0的低8位中。数字量的高4位当前值，则以二进制形式存储在BFM#1的第4位。

（2）缓冲存储器BFM#17在使用中有两个功能选择，一是设置通道字，二是表示模数转换开始。BFM#17的第0位指定模拟到数字转换的通道是CH1或CH2。当第0位等于0时，通道设置为CH1；当第0位等于1时，通道设置为CH2。

当BFM#17的第1位设置为1时，表示模拟值/数字值的转换程序开始执行。

技能实训

一、实训目标

正确使用FX2N-2AD模拟量输入模块。

二、实训设备与器材

PLC主机FX2N-32MR、FX2N-2AD、计算机、编程电缆。

三、实训内容与步骤

下面通过编制一段程序来学习FX2N-2AD模拟量输入模块的使用。

步骤一：PLC与FX2N-2AD接线，如图5-1-7所示。

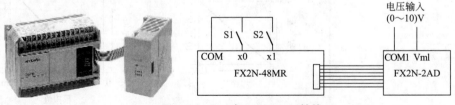

图5-1-7　PLC与FX2N-2AD接线

（1）连接扩展电缆到PLC主机，当电源指示灯点亮时，说明扩展电缆正确连接；指示灯灭或闪烁，则需要检查扩展电缆连接是否正常。

（2）把0～10V的模拟电压接入FX2N-AD的电压端子上（注：FX2N-AD的标定出厂时为0～10V电压输入，其对应的数字量为0～4000，现在接入一个0～10V的电压输入，模块就不需要标定调整，如果接入的是0～5V电压或做电流输入就必须对标定进行调整，具体调整方法可参考本节【知识拓展】）。

步骤二：编制程序。

（1）确定FX2N-2AD的编号为0#。

（2）分配FX2N-2AD的缓冲存储器。FX2N-2AD模块的设置是对BFM#0和BFM#17两个存储单元进行设置。

（3）编制通道选择程序。本例的模拟输入通道选择为CH1，程序如图5-1-8所示。

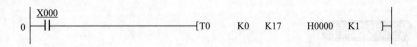

图5-1-8　编制通道选择程序

程序解释：当X0接通时，把PLC中十六进制数H0000写入到0#模块的BFM#17单元中，此时BFM#17单元中的第0位设置为"0"时，则表示模拟量从通道CH1输入。

（4）编制模拟值/数字值的转换开始执行程序，如图5-1-9所示。

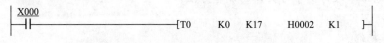

图5-1-9　编制模拟值/数字值的转换开始执行程序

程序解释：

当X0接通时，把PLC中十六进制数H0002写入到0#模块的BFM#17单元中，当BFM#17的第1位设置为"1"时，则表示模拟值/数字值的转换程序开始执行。

（5）编制CH1通道采样数据并存储到D100中的程序，如图5-1-10所示。

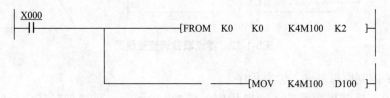

图5-1-10　编制CH1通道采样数据并存储到D100中的程序

程序解释：

当X0接通时，PLC把0#模块BFM#0开始的2个数据读入到PLC中控制M100～M111继电器的状态，低8位送M100～M107，高4位送M108～M111。通过传送指令MOV把K4M100的数据存到数据寄存器D100中。

（6）合并优化程序，如图5-1-11所示。

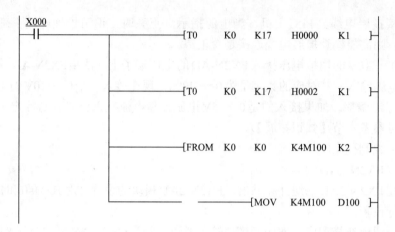

图5-1-11　合并优化程序

【知识拓展】

FX2N-AD模块的标定调整方法

　　FX2N-AD模拟量输入模块在出厂时标准规定为0～10V的电压输入，其对应的数字量为0～4000。当模块的输入为0～5V或为电流输入时，就必须对其所对应的数字量之间的关系进行调整。FX2N-AD模块的调整方法是通过面板上的外部零点调节器和增益调节器来重新设置零点值和增益值来完成的。下面以标定0～5V电压输入为例学习具体的调整方法。

　　步骤一：接线。

　　按图5-1-12所示进行接线。在实际调节时，先按图5-1-12所示的连接在模块的端口接入一个电压，并且连接PLC及装有编程软件的电脑。

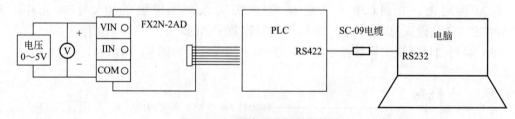

图5-1-12　零点增益调整接线图

　　步骤二：编制模拟量输入读取程序。

　　在PLC内部编制模拟量输入读取程序如图5-1-10所示，将模拟量转化后的数字量读入PLC的数据寄存器D100中。

　　步骤三：增益调整。

　　（1）调整电源电压使电压表的读数为5V。

　　（2）打开编程软件监视数据存储器D100的内容。

　　（3）转动增益调节器（顺时针转动数字增大），使D100的数值为4000。

　　步骤四：零点调整。

（1）调整电源电压使电压表的读数为100mV。

（2）转动零点调节器，使D100的数值为80。D00的数值按正比例关系确定，即4000/5V=D100/100mA

步骤五：反复调整增益与零点值。

（1）当完成步骤四的零点调整后，会使原来的增益调整值发生一些变化。因此，需要反复地按照先调增益后调零点值的顺序进行调整，直到获得稳定的数字值。

（2）如果读不到一个稳定的数值，可在程序中加入数字滤波程序来调整增益和零点值。

四、总结与评价

以小组为单位，选择演示文稿、展板、海报、录像等形式中的一种或几种，向全班展示、汇报学习成果，根据表5-1-4进行总结与评价。

表5-1-4 项目评价表

班级：_____ 小组：_____ 姓名：_____			指导教师：_____ 日期：_____				
评价 项目	评价标准	评价依据	评价方式			权重	得分 小计
			学生 自评 20%	小组 互评 30%	教师 评价 50%		
职业 素养	1. 遵守企业规章制度、劳动纪律 2. 按时按质完成工作任务 3. 积极主动承担工作任务，勤学好问 4. 人身安全与设备安全	1. 出勤 2. 工作态度 3. 劳动纪律 4. 团队协作精神				0.6	
创新 能力	1. 在任务完成过程中能提出自己的有一定见解的方案 2. 在教学或生产管理上提出建议，具有创新性	1. 方案的可行性及意义 2. 建议的可行性				0.4	
合计							

任务二　学习模拟量输入模块FX2N-4AD的应用

知识目标

（1）认识FX2N-4AD模拟量输入模块。

（2）学会应用模拟量输入模块FX2N-4AD。

能力目标

（1）培养学生查阅资料、自我学习的能力。

（2）培养学生独立思考的能力。

（3）培养学生解决工程问题的能力。

（4）培养学生团队合作能力。

（5）培养学生创新意识与能力。

素质目标

培养学生安全意识、文明生产意识。

基础知识

一、FX2N-4AD介绍

模拟量输入模块FX2N-4AD如图5-2-1所示，该模块有4个输入通道，12位高精度的A/D转换输入模块。其分辨率为12位。它的功能是将在一定范围内变化的电压或电流输入信号

图5-2-1　FX2N-4AD外形图

转换成相应的数字量供给PLC主机读取。FX2N-4AD可用于连接FX1N、FX2N、FX2NC和FX3U等系列的程序控制系统。

1. FX2N-4AD功能

（1）模拟值的设定可以通过4个通道的输入电压或电流输入来完成。

（2）这四个通道的模拟输入值可以接收±10V DC（分辨率为5mV）或4～20mA、–20～20mA。

（3）模拟量输入值是可调的，该模块FX2N-4AD占用8个I/O。

2. FX2N-2AD模拟量输入模块性能

如表5-2-1所示。

表5-2-1　FX2N-2AD模拟量输入模块性能

项目	电压输入	电流输入
	电压或电流输入的选择基于您对输入端子的选择，一次可同时使用4个输入点	
模拟输入范围	DC-10～10V（输入阻抗：200kΩ）。 注意：如果输入电压超过±15V，单元会被损坏	DC-20～20mA（输入阻抗：250Ω）。 注意：如果输入电流超过±32V，单元会被损坏
数字输出	12位的转换结果以16位二进制补码方式存储。 最大值：+2047，最小值：–2048	
分辨率	5mV（10V默认范围：1/2000）	20μA（20mA默认范围：1/1000）
总体精度	±1%（对于–10～10V的范围）	±1%（对于–20～20mA的范围）
转换速度	15ms/通道（常速），6ms/通道（高速）	

二、接线与标定

1. FX2N-4AD的接线

如图5-2-2所示。

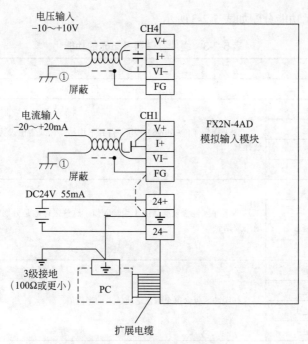

图5-2-2 FX2N-4AD的接线

接线说明如下。

（1）模拟量输入通过双绞线屏蔽电缆来接收，电缆应远离电源线或其他可能产生电气干扰的电线。

（2）当电压输入存在电压波动时，连接一个0.1～0.47μF/25V DC的电容器，如图5-2-2所示。

（3）如果存在过多的电气干扰，请连接FG的外壳地端和FX2N-4AD的地端。

（4）FX2N-4AD模块需要外接24V直流电源，上下波动不要超过2.4V，电流为55mA。

2. FX2N-4AD标定

FX2N-4AD模块有3种模拟量输入标准：-10～+10V DC、4～20mA或-20～20mA，如表5-2-2所示。4个通道各输入何种标准，由通道字缓冲存储器内容确定。

表5-2-2 FX2N-4AD模拟量输入标定

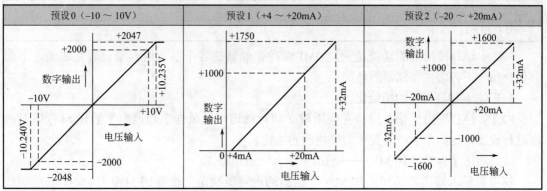

三、缓冲存储器BFM#功能分配

FX2N-4AD模拟量输入模块共有32个BMF缓冲存储器，编号为BFM#0～BFM#31，各缓冲存储器中的单元功能分配如表5-2-3所示。

表5-2-3　缓冲存储器各单元的功能

BFM		内容
*#0		通道初始化，缺省值=H0000
*#1	通道1	包含采样数（1～4096），用于得到平均结果。缺省值设为8-正常速度，高速操作可选择1
*#2	通道2	
*#3	通道3	
*#4	通道4	
#5	通道1	这些缓冲区包含采样数的平均输入值，这些采样数是分别输入在#1～#4缓冲区中的通道数据
#6	通道2	
#7	通道3	
#8	通道4	
#9	通道1	这些缓冲区包含每个输入通道读入的当前值
#10	通道2	
#11	通道3	
#12	通道4	
#13-#14		保留
#15	选择A/D转换速度，参见注2	如设为0，则选择正常速度，15ms/通道（缺省）
		如设为1，则选择高速，6ms/通道

BFM		b7	b6	b5	b4	b3	b2	b1	b0
#16-#19	保留								
*#20	复位到缺省值和预设。缺省值=0								
*#21	禁止调整偏移、增益值。缺省值=（0，1）允许								
*#22	偏移，增益调整	G4	O4	G3	O3	G2	O2	G1	O1
*#23	偏移值　　缺省值=0								
*#24	增益值　　缺省值=5000								
#25-#28	保留								
#29	错误状态								
#30	识别码K2010								
#31	禁用								

FX2N-4AD模拟量的功能是通过BMF缓冲存储器的各个单元内容来设置完成的，下面具体介绍一下各缓冲存储器的功能。

1. FX2N-4AD模块的初始化

FX2N-4AD模拟量输入模块在应用前必须对通道字、采样字和速度字的BFM存储器内容进行设置，这三个字的设置称为模块的初始化。

（1）通道字存储器BFM#0——模拟量输入通道选择。

模拟量输入通道的选择由BFM#0存储器的内容所决定，设置BFM#0为4位十六进制数H0000控制，每一位代表输入控制通道，而每一位的数字都代表输入模拟量的类型，如图5-2-3所示。图中数值O可设置成数字0、1、2和3，具体所表示的输入模拟量含义是：数字"0"表示-10～+10V DC模拟量输入；数字"1"表示4～20mA模拟量输入；数字"2"表示–20 ～ 20mA 模拟量输入；数字"3"表示通道关闭。通常出厂时设置为H0000，即所有均设置为通道–10 ～ +10V DC 模拟量输入。

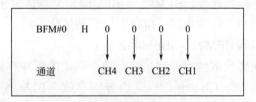

图5-2-3　模拟量输入通道类型

例如：试说明通道字H3201的含义，如图 5-2-4所示。

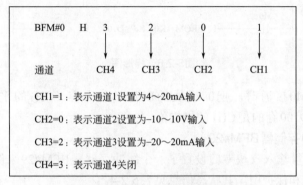

图5-2-4　通道字H3201的含义解释

（2）采样字存储器BFM#1 ～ BFM#4——平均值采样次数选择。

模拟量输入时，时常会在被测信号上混杂着一些干扰信号，为了滤除这些干扰信号而采用一种平均值滤波方式。所谓平均值滤波，是对多次采样的数值进行相加和进行算数平均值处理后，作为一次采样值送入由PLC读取的BFM中。

FX2N-4AD采样字有4个，即BFM#1 ～ BFM#4，分别对应通道CH1 ～ CH4，其取值范围是1 ～ 4096，一般取值为4、6、8就足够了，出厂值为8。

例如：编制一段程序编号为#0的模块是FX2N-4AD，对通道1写入采样字为4，其余通道关闭。程序如图 5-2-5所示。

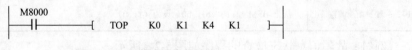

图5-2-5　通道采样次数程序

程序解释：将采样字4（采样4次的平均值）写入到#0模块的CH1通道中，对BFM#1设置为4。其余通道仍为出厂值8，如果不用，则必须在通道字中将其关闭。如果控制要求每个通道字的采样值都不一样，那就要用指令TO一个一个地写入。

（3）速度字存储器BFM#15——通道的转换速度。

BFM#15的设置表示模块的A/D转换速度，其设置如下。BFM#15=0：转换速度为15ms/通道；BFM#15=1：转换速度为6ms/通道。

应用时注意以下几点。

①A/D转换速度出厂值为0。

②为了保持高速转换率，应尽可能少使用FROM/TO指令。

③如果程序中改变了转换速度，BFM#1～BFM#4将立即恢复出厂值0。

④如果模块的速度字与出厂值相同，可以不用写初始化程序。

2. 数据读取缓冲存储器BFM#5～BFM#12

外部模拟量经过模块转换成数字量后，被存放在规定的缓冲存储器中，数字量以两种方式存放，一是以平均值存放，CH1～CH4通道分别存放在BFM#5～BFM#8存储器中；二是以当前值存放，CH1～CH4通道分别存放在BFM#9～BFM#12存储器中。PLC通过读取指令把这些数值复制到内部数据存储器单元。

例如：试说明如图5-2-6所示的梯形图程序的执行含义。

图5-2-6　梯形图

程序解释：当M0接通时，把0#模块的BFM#5的内容（CH1的平均值）送到PLC的D100存储器中，即D100存的是CH1的平均值。

3. 错误检查缓冲存储器BFM#29

FX2N-4AD模拟量输入模块专门设置了一个缓冲存储器BFM#29来保护发生错误状态时的错误信息，供查错和保护用。其状态信息见表5-2-4。

表5-2-4　BFM#29状态信息表

BFM #29的位设备	开ON	关OFF
b0：错误	b1～b4中任何一个为ON。如果b2～b4中任何一个为ON，所有通道的A/D转换停止	无错误
b1：偏移/增益错误	在EEPROM中的偏移/增益数据不正常或者调整错误	增益/偏移数据正常
b2：电源故障	24V DC电源故障	电源正常
b3：硬件错误	A/D转换器或其他硬件故障	硬件正常
b10：数字范围错误	数字输出值小于−2048或大于+2047	数字输出值正常
b11：平均采样错误	平均采样数不小于4097，或者不大于0（使用缺省值8）	平均正常（在1～4096之间）
b12：偏移/增益调整禁止	禁止-BFM #21的（b1，b0）设为（1，0）	允许BFM #21的（b1，b0）设为（1，0）

例如：故障信息状态检查的程序如图5-2-7所示。

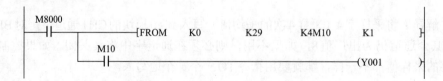

图5-2-7　故障信息状态检查梯形图

程序解释：当M8000接通时，FROM指令读取BFM#29存储器内的故障信息状态到组合元件K4M10中，取1位状态字即M10（b0）位的状态控制流程。当b0出错时M10位接通，

Y1接通指示灯亮，表示有错，所有通道的A/D停止转换。

4. 模块识别缓冲存储器BFM#30

当PLC所接的模块较多时，为了识别各模块，应对这些模块设置一个相当于身份证类似的模块识别码。三菱FX2N系列的特殊模块的识别码是固化在BFM#30的缓冲存储器中。FX2N-4AD的识别码为K2010，在使用时可在程序中设置一个识别码校对程序，对指令读/写模块进行确认。如果模块正确，则继续执行后续程序；如果不是，则通过显示报警，并停止执行后续程序。

例如：试读如图5-2-8所示的FX2N-4AD识别码程序。

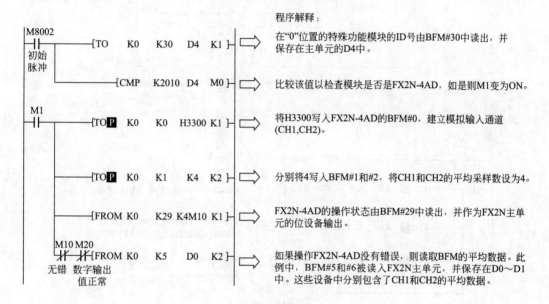

图5-2-8　梯形图

5. 标定调整

标定调整主要就是对零点和增益两点值做程序修改，使之符合控制要求。在FX2N-4AD模拟量模块的标定调整是通过对缓冲存储器进行设置调整和FX2N-2AD的标定调整方法不一样，下面详细介绍FX2N-4AD标定调整的步骤与方法。

（1）设定BFM#21缓冲存储器，选择对模块所有缓冲存储器是否进行修改。

在进行标定调整时，必须设置BFM#21缓冲存储器。设置内容是：BFM#21=K1时（即BFM#21的b1、b0位设置成0、1），允许调整；BFM#21=K2时（即BFM#21的b1、b0位设置成1、0），禁止调整。出厂值为K1。当调整完毕后，应通过程序把BFM#21设置为K2，防止进一步发生变化。

例如：如图5-2-9所示是设定BFM#21的梯形图程序。

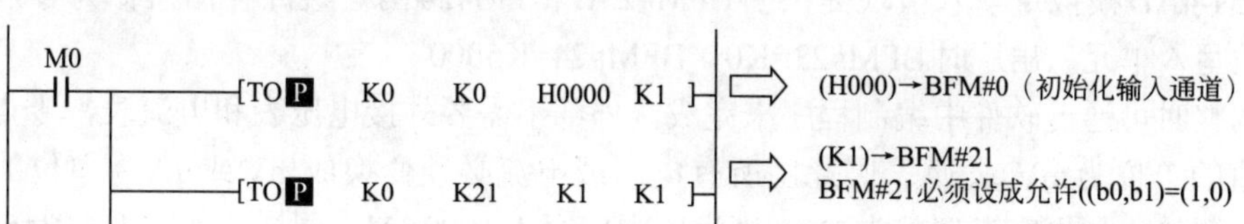

图5-2-9　梯形图

（2）设定BFM#22缓冲存储器，选择每个通道的零点和增益是否进行调整。

FX2N-4AD有4个模拟量输入通道，每个通道均可独立调整零点和增益，一共有8个调整要进行是否允许调整选择。模块是通过对BFM#22的低8位位值来决定哪个通道的零点和增益是否进行调整，在调整字之前，要先将BFM#22单元全部置零，其设置如图5-2-10所示。

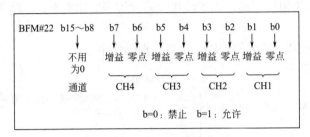

图5-2-10 BFM#22的设定字

例如：试读如图5-2-11所示的梯形图程序。

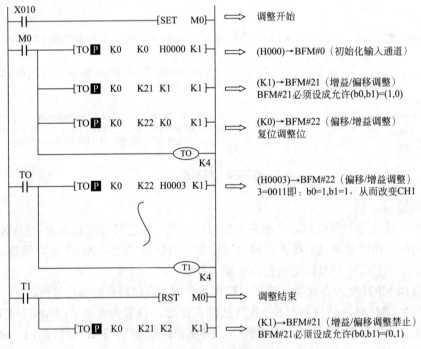

图5-2-11 梯形图

（3）零点调整值写入BFM#23和增益调整值写入BFM#24。

FX2N-4AD模拟量输入模块提供了BFM#23B和FM#24两个缓冲存储器作为零点和增益调整值的写入单元。出厂时BFM#23=K0，BFM#24=K5000。

当调整时可通过软件中编制程序来完成，外部不需要外接电压表和电流表，零点和增益的输入值的单位为mV或μA。因此，所有电压或电流必须变换成mV或μA为单位的数值写入程序。例如，如果零点调整为1V，则程序中应写入1000mV；同样，如果增益为5mA，则5mA=5000μA，程序中应输入值为5000。

提示：

①BFM #0，#23和#24的值将拷贝到FX2N-4AD的EEPROM中。只有数据写入增益/偏移命令缓冲BFM#22中时才拷贝BFM #21和BFM #22。同样，BFM #20也可以写入EEPROM中。因此，写入EEPROM需要300ms左右的延迟，才能第二次写入。

②EEPROM的使用寿命大约是10000次（改变），因此不要使用程序频繁地修改这些BFM。

例如：通过软件设置零点值和增益值，要求CH1通道的零点值和增益值设置为0V和2.5V，如图5-2-12所示梯形图程序。

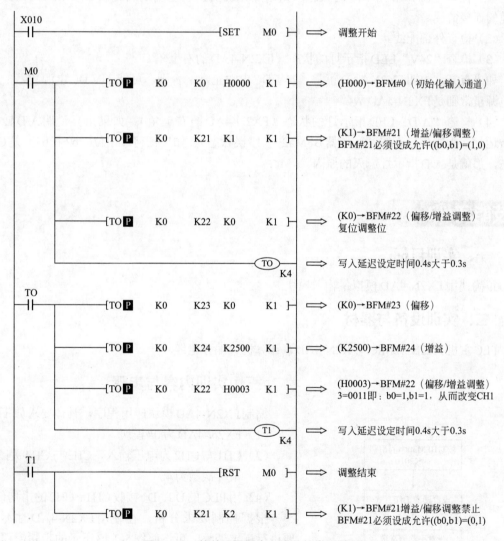

图5-2-12　软件设置零点和增益的梯形图程序

四、检查与诊断

1. 初步检查

（1）检查输入配线和 / 或扩展电缆是否正确连接到FX2N-4AD模拟特殊功能块上。

（2）检查有无违背FX2N配置规则。例如：特殊功能模块的数量不能超过8个，并且总的系统I/O点数不能超过256点。

（3）确保应用中选择正确的输入模式和操作范围。

（4）检查在5V或24V电源上有无过载。应注意：FX2N主单元或者有源扩展单元的负载是根据所连接的扩展模块或特殊功能模块的数目而变化的。

（5）设置FX2N主单元为RUN状态。

2. 错误诊断

如果特殊功能模块FX2N-4AD不能正常运行，请检查下列项目。

（1）检查电源LED指示灯的状态。如果点亮说明扩展电缆正确连接；否则应检查扩展电缆的连接情况。

（2）检查外部配线。

（3）检查"24V"LED指示灯的状态（FX2N-4AD的右上角）。

如果点亮，说明FX2N-4AD正常，24V DC电源正常；否则，可能24V DC电源故障；如果电源正常则是FX2N-4AD故障。

（4）检查"A/D"LED指示灯的状态（FX2N-4AD的右上角）。如果点亮说明A/D转换正常运行；否则应检查缓冲存储器BFM#29（错误状态）。如果任何一个位（b2和b3）是ON状态，那就是A/D指示灯熄灭的原因。

技能实训1

一、实训目标

正确使用FX2N-4AD模拟量输入模块。

二、实训设备与器材

PLC主机FX2N-32MR、FX2N-4AD、计算机、编程电缆。

三、实训内容与步骤

编制FX2N-4AD模块应用程序，具体要求如下：

（1）FX2N-4AD为0#模块。

（2）CH1与CH2为电压输入，CH3与CH4关闭。

（3）采样次数为4。

（4）用PLC的D0、D1接收CH1、CH2的平均值。

根据控制要求分析，在使用FX2N-4AD时不需要进行标定调整，可按照图5-2-13所示的步骤流程进行操作。

步骤一：模块识别

根据控制要求可知，模块型号是FX2N-4AD，其识别码为K2010，安装位置编号为0，其模块识别程序如图5-2-14所示。

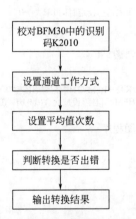

图5-2-13　不需要标定调整的步骤流程图

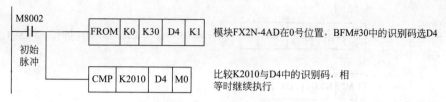

图5-2-14　模块识别程序

步骤二：设置通道工作方式

根据控制要求分析，通道字的工作方式设定由BFM#0缓冲存储器内容决定。第一个通道CH1为电压输入，那么第一通道应该设置成0；第二个通道CH2为电压输入，那么第二通道应该设置成0；CH3与CH4关闭。因此，通道字是H3300，程序如图5-2-15所示。

图5-2-15　通道字设定程序

步骤三：设置平均值次数

根据控制要求可知，平均值采样次数为4，转换速度数默认出厂值（默认出厂值时，这个字可以不写），其程序如图5-2-16所示。

图5-2-16　采样字设定程序

步骤四：判断转换是否出错

BFM#29缓冲存储器专门用来保存发生错误状态时的错误信息。故障信息状态有FROM读取到组合位元件并控制程序的执行，程序如图5-2-17所示。

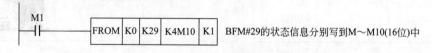

图5-2-17　判断转换是否出错程序

步骤五：输出转换结果

当判断转换正确后，可执行输出转换，程序如图5-2-18所示。

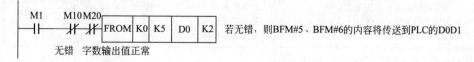

图5-2-18　输出转换程序

步骤六：合并程序

把以上分析的程序进行合并优化，如图5-2-19所示。

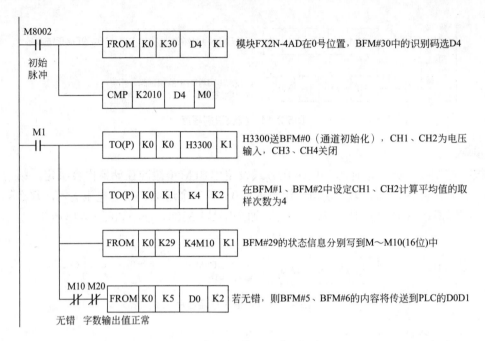

图5-2-19　FX2N-4AD应用程序

四、总结与评价

以小组为单位，选择演示文稿、展板、海报、录像等形式中的一种或几种，向全班展示、汇报学习成果，根据表5-2-5进行总结与评价。

表5-2-5　项目评价表

班级：_____　小组：_____　姓名：_____			指导教师：_____　日期：_____				
评价项目	评价标准		评价依据	评价方式			权重	得分小计
				学生自评20%	小组互评30%	教师评价50%		
职业素养	1. 遵守企业规章制度、劳动纪律 2. 按时按质完成工作任务 3. 积极主动承担工作任务，勤学好问 4. 人身安全与设备安全		1. 出勤 2. 工作态度 3. 劳动纪律 4. 团队协作精神				0.6	
创新能力	1. 在任务完成过程中能提出自己的有一定见解的方案 2. 在教学或生产管理上提出建议，具有创新性		1. 方案的可行性及意义 2. 建议的可行性				0.4	
合计								

技能实训2

一、实训目标

正确使用FX2N-4AD模拟量输入模块。

二、实训设备与器材

PLC主机FX2N-32MR、FX2N-4AD、计算机、编程电缆。

三、实训内容与步骤

编制FX2N-4AD模块应用程序，具体要求如下：

（1）FX2N-4AD为0#模块。

（2）CH1电压输入，CH2为电流输入（标准4～20mA），要求CH2调整为7～20mA。CH3与CH4关闭。

（3）采样次数为4。

（4）用PLC的D0、D1接收CH1、CH2的平均值。

根据控制要求分析，在使用FX2N-4AD时，需要进行标定调整，其步骤流程参考图5-2-20所示。

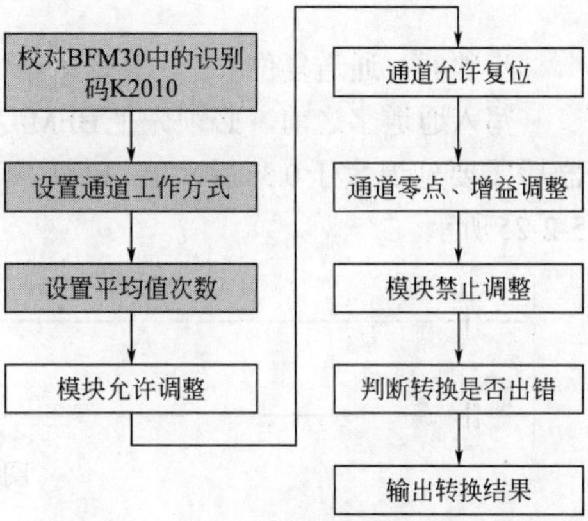

步骤一：模块识别

根据控制要求可知，模块型号是FX2N-4AD，其识别码为K2010，安装位置编号为0，其模块识别程序如图5-2-21所示。

图5-2-20　需要标定调整的步骤流程图

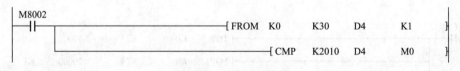

图5-2-21　模块识别程序

步骤二：设置通道工作方式

根据控制要求分析，通道字的工作方式设定是由BFM#0缓冲存储器内容决定。第一个通道CH1为电压输入，那么第一通道应该设置成0；第二个通道CH2为电流输入（4～20mA），那么第二通道应该设置成1；CH3与CH4关闭。因此，通道字是H3310，程序如图5-2-22所示。

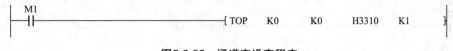

图5-2-22　通道字设定程序

步骤三：设置平均值次数

根据控制要求可知，平均值采样次数为4，转换速度数默认出厂值（默认出厂值时，这个字可以不写），其程序如图5-2-23所示。

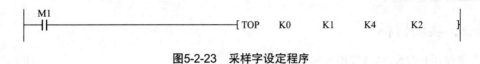

图5-2-23 采样字设定程序

步骤四：模块允许调整

设BFM#21=K1，允许模块调整，程序如图5-2-24所示。

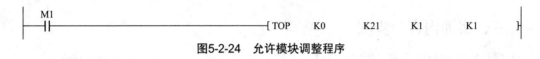

图5-2-24 允许模块调整程序

步骤五：通道复位

写入通道字之前，必须先把BFM#22单元通道复位清零，以上五步程序在写入缓冲存储器后需要延迟大于0.3s后才能执行后续程序，因此，在程序中应加一延时程序，程序如图5-2-25所示。

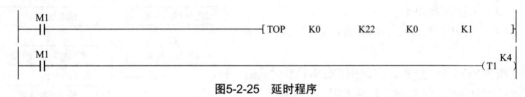

图5-2-25 延时程序

步骤六：通道零点、增益调整

根据控制要求可知，CH1通道是电压标准输入，其标定不许调整。CH2通道为电流输入，要求调整为7～20mA电流输入，其程序中零点值为7000，增益值为20000，程序如图5-2-26所示。

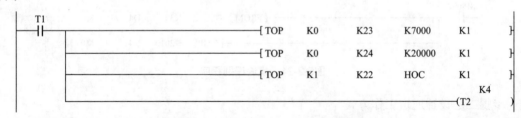

图5-2-26 通道零点、增益调整的程序

步骤七：模块禁止调整

当上述标定调整完成后，编制一段程序禁止模块调整，防止程序进一步发生变化。程序如图5-2-27所示。

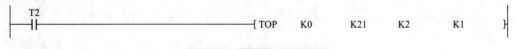

图5-2-27 模块禁止调整程序

步骤八：判断转换是否输出

读BFM#29缓冲存储器中的内容，如果无错，则执行后续程序，程序如图5-2-28所示。

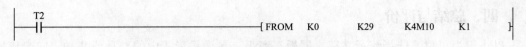

T2 ——| |——————————————————————————————[FROM　K0　K29　K4M10　K1]

图5-2-28　判断转换是否输出程序

步骤九：输出转换结果

当第八步检查无误后，则读取通道CH1、CH2的平均值送到D0、D1中，程序如图5-2-29所示。

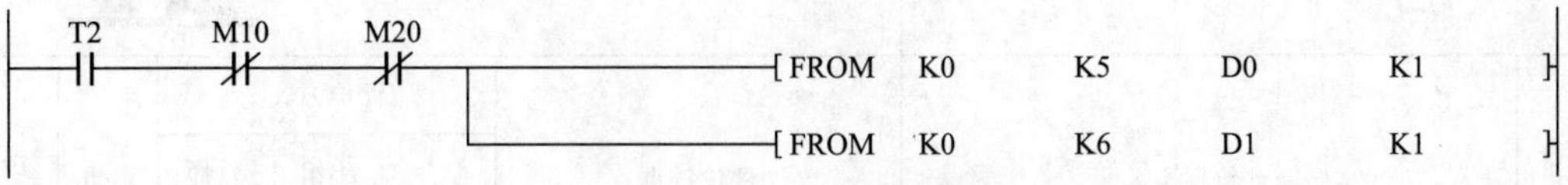

T2 ——| |—— M10 ——|/|—— M20 ——|/|——————[FROM　K0　K5　D0　K1]

————————————————————————————————————[FROM　K0　K6　D1　K1]

图5-2-29　输出转换程序

步骤十：合并程序

根据以上步骤所编制的程序进行合并优化，得到完整的程序如图5-2-30所示。

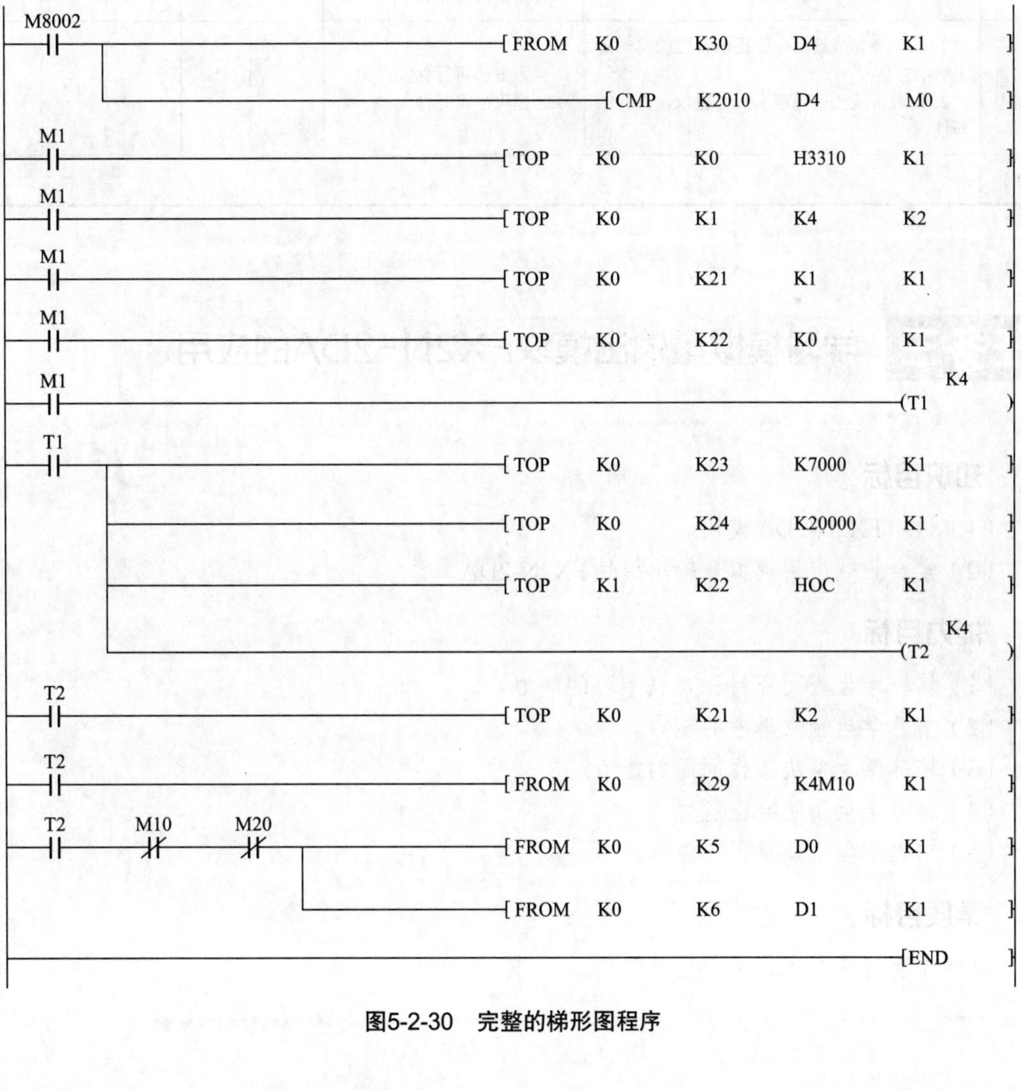

M8002 ——| |——————————————————————————[FROM　K0　K30　D4　K1]

————————————————————————————————————[CMP　K2010　D4　M0]

M1 ——| |——————————————————————————————[TOP　K0　K0　H3310　K1]

M1 ——| |——————————————————————————————[TOP　K0　K1　K4　K2]

M1 ——| |——————————————————————————————[TOP　K0　K21　K1　K1]

M1 ——| |——————————————————————————————[TOP　K0　K22　K0　K1]

M1 ——| |———(T1　K4)

T1 ——| |——————————————————————————————[TOP　K0　K23　K7000　K1]

————————————————————————————————————[TOP　K0　K24　K20000　K1]

————————————————————————————————————[TOP　K1　K22　HOC　K1]

——(T2　K4)

T2 ——| |——————————————————————————————[TOP　K0　K21　K2　K1]

T2 ——| |——————————————————————————————[FROM　K0　K29　K4M10　K1]

T2 ——| |—— M10 ——|/|—— M20 ——|/|——————[FROM　K0　K5　D0　K1]

————————————————————————————————————[FROM　K0　K6　D1　K1]

——[END]

图5-2-30　完整的梯形图程序

四、总结与评价

以小组为单位，选择演示文稿、展板、海报、录像等形式中的一种或几种，向全班展示、汇报学习成果，根据表5-2-6进行总结与评价。

表5-2-6　项目评价表

班级：_____	指导教师：_____					
小组：_____	日期：_____					
姓名：_____						

评价项目	评价标准	评价依据	评价方式			权重	得分小计
			学生自评 20%	小组互评 30%	教师评价 50%		
职业素养	1. 遵守企业规章制度、劳动纪律 2. 按时按质完成工作任务 3. 积极主动承担工作任务，勤学好问 4. 人身安全与设备安全	1. 出勤 2. 工作态度 3. 劳动纪律 4. 团队协作精神				0.6	
创新能力	1. 在任务完成过程中能提出自己的有一定见解的方案 2. 在教学或生产管理上提出建议，具有创新性	1. 方案的可行性及意义 2. 建议的可行性				0.4	
合计							

任务三　学习模拟量输出模块FX2N-2DA的应用

知识目标

（1）认识FX2N-2DA模块。
（2）学会正确应用模拟量输出模块FX2N-2DA。

能力目标

（1）培养学生查阅资料、自我学习的能力。
（2）培养学生独立思考的能力。
（3）培养学生解决工程问题的能力。
（4）培养学生团队合作能力。
（5）培养学生创新意识与能力。

素质目标

培养学生安全意识、文明生产意识。

基础知识 👆

一、FX2N-2DA介绍

FX2N-2DA模块是一种2通道。12位高精度的D/A转换输出模块，如图5-3-1所示，它的功能是将12位数字值转换成2点模拟量输出（电压输出和电流输出），并将它们输入给PLC中。FX2N-2DA可用于连接FX0N、FX2N和FX2NC系列的程序控制系统。

图5-3-1　FX2N-2DA模块

1. FX2N-2DA功能

（1）可进行2个通道的模拟电压或电流输出。如 $0 \sim 10V$ DC、$0 \sim 5V$ DC 或者 $4 \sim 20mA$ 信号。

（2）根据接线方式，模拟输出可在电压输出与电流输出中进行选择。

2. FX2N-2DA模拟量输出模块性能

如表5-3-1所示。

表5-3-1　FX2N-2DA模拟量输出模块性能指标

项目	输出电压	输出电流
模拟量输出范围	$0 \sim 10V$直流，$0 \sim 5V$直流	$4 \sim 20mA$
数字输出	12位	
分辨率	2.5mV（10V/4000） 1.25 mV（5V/4000）	4mA（20mA/4000）
总体精度	满量程1%	
转换速度	4ms/通道	
电源规格	主单元提供5V/30mA和24V/85mA	
占用I/O点数	占用8个I/O点，可分配为输入或输出	
适用的PLC	FX1N，FX2N，FX2NC	

二、接线与标定

（1）FX2N-2DA的接线如图5-3-2所示。

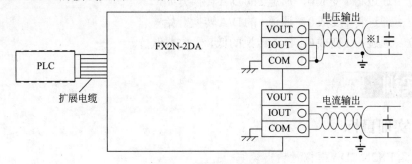

图5-3-2　FX2N-2DA的接线

接线说明：

①当电压输出存在波动或有大量噪声时，在图中位置处连接 $0.1 \sim 0.47mF/ 25V$ DC的电容。

②对于电压输出，须将IOUT和COM进行短路。

（2）FX2N-2DA标定见表5-3-2。

表5-3-2　FX2N-2DA标定

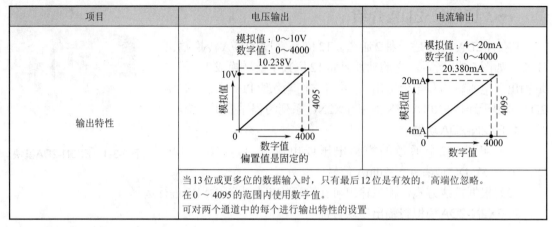

项目	电压输出	电流输出
输出特性	模拟值：0～10V 数字值：0～4000	模拟值：4～20mA 数字值：0～4000

当13位或更多位的数据输入时，只有最后12位是有效的。高端位忽略。
在0～4095的范围内使用数字值。
可对两个通道中的每个进行输出特性的设置

三、缓冲存储器BFM#功能分配

FX2N-2DA缓冲存储器BFM各个单元的内容设置见表5-3-3。

表5-3-3　FX2N-2DA缓冲存储器单元的内容设置

BFM编号	b15～b8	b7～b3	b2	b1	b0
#0～#15	保留				
#16	保留	输出数据的当前值（8位数据）			
#17	保留		D/A低8位数据保持	通道1的D/A转换开始	通道2的D/A转换开始
#18或更大	保留				

缓冲存储器的应用说明：

（1）BFM#16：存放由BFM#17（数字值）指定通道的D/A转换数据。D/A数据以二进制形式出现，现将12位数字量的低8位写入到BFM#16的低8位和高4位又写入BFM#16的高4位。

（2）BFM#17设置。

①b0位：通过将1变成0，通道2的D/A转换开始。

②b1位：通过将1变成0，通道1的D/A转换开始。

③b2位：通过将1变成0，D/A转换的低8位数据保持。

技能实训

一、实训目标

正确使用FX2N-2DA模拟量输出模块。

二、实训设备与器材

PLC主机FX2N-32MR、FX2N-2DA、计算机、编程电缆。

三、实训内容与步骤

下面通过编制一段程序来学习FX2N-2DA的应用。

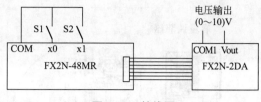

图5-3-3 接线图

步骤一：FX2N系列PLC与FX2N-2DA接线（如图5-3-3所示）

（1）连接扩展电缆到PLC主机，当电源LED指示灯点亮时，说明扩展电缆正确连接；指示灯灭或闪烁，则检查扩展电缆连接是否正常。

（2）FX2N-2DA的标定出厂时为0～10V电压输出，其对应的数字量为0～4000，模块就不需要标定调整。如果输出不符合输出特性，使用时就必须对标定进行调整，具体调整方法可参考本节【知识拓展】。

步骤二：编制程序

（1）确定FX2N-2DA的编号为0#。

（2）两个通道输出：CH1输出数据存D100并转换到继电器M100～M115；CH2输出数据存D110并转换到继电器MM00～M115。

（3）编制程序如图5-3-4所示。

当X000接通时，通道1的输入执行数字到模拟的转换输出从D100转换到M100～M115继电器中。

当X001接通时，通道2的输入执行数字到模拟的转换输出从D110转换到M100～M115继电器中。

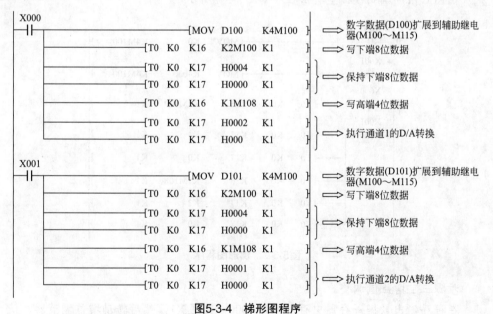

图5-3-4 梯形图程序

【知识拓展】

FX2N-2DA零点和增益的调整

FX2N-2DA的标定出厂时为0～10V电压输出，其对应的数字量为0～4000，

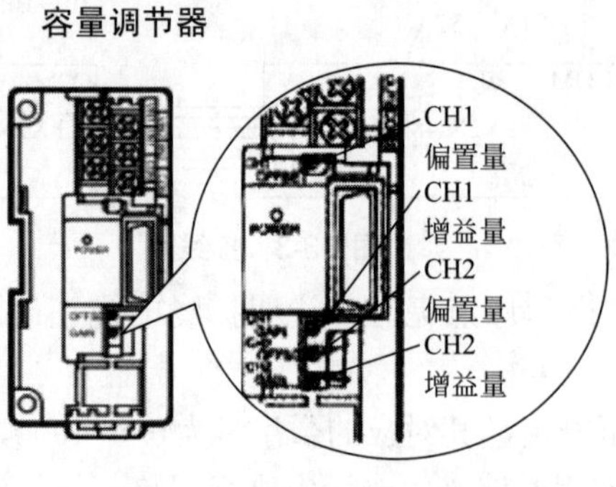

容量调节器
CH1
偏置量
CH1
增益量
CH2
偏置量
CH2
增益量

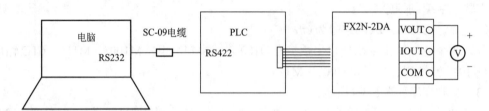

图5-3-5　容量调节器示意图

模块就不需要标定调整。如果输出不符合输出特性，使用时就必须对标定进行调整。零点值和增益值的调节是对数字值设置实际的输出模拟值，这是根据FX2N-2DA的容量调节器（如图5-3-5所示）使用电压表和电流表来完成的。

步骤一：按图接线

在实际调节时，先按图5-3-6所示的连接在模块的输出端口接入一个电压，并且连接PLC及装有编程软件电脑。

电脑
RS232
SC-09电缆
PLC
RS422
FX2N-2DA
VOUT
IOUT
COM
V
+
−

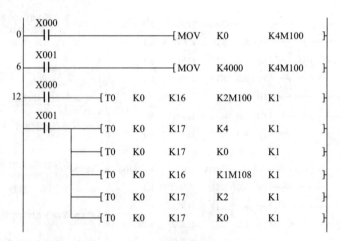

图5-3-6　接线图

步骤二：编制模拟量输出程序

在PLC内部编制模拟量输出程序如图5-3-7所示。

X000
0
MOV K0 K4M100
X001
6
MOV K4000 K4M100
X000
12
T0 K0 K16 K2M100 K1
X001
T0 K0 K17 K4 K1
T0 K0 K17 K0 K1
T0 K0 K16 K1M108 K1
T0 K0 K17 K2 K1
T0 K0 K17 K0 K1

图5-3-7　梯形图程序

步骤三：增益值调整

在程序输出数据寄存器中存入数值4000，接通X1，然后转动增益调节器，使电压表读数为标定值。

步骤四：零点值调整

在程序输出数据寄存器中存入数值0，接通X0，然后转动零点调节器，使电压表读数为标定值。

步骤五：反复交替调整偏移值和增益值，直到获得稳定的数值

四、总结与评价

以小组为单位，选择演示文稿、展板、海报、录像等形式中的一种或几种，向全班展示、汇报学习成果，根据表5-3-4进行总结与评价。

表5-3-4　项目评价表

班级：_____
小组：_____
姓名：_____

指导教师：_____
日期：_____

评价项目	评价标准	评价依据	学生自评 20%	小组互评 30%	教师评价 50%	权重	得分小计
职业素养	1. 遵守企业规章制度、劳动纪律 2. 按时按质完成工作任务 3. 积极主动承担工作任务，勤学好问 4. 人身安全与设备安全	1. 出勤 2. 工作态度 3. 劳动纪律 4. 团队协作精神				0.6	
创新能力	1. 在任务完成过程中能提出自己的有一定见解的方案 2. 在教学或生产管理上提出建议，具有创新性	1. 方案的可行性及意义 2. 建议的可行性				0.4	
合计							

（"评价方式"为上表中"学生自评"等三列的合表头）

任务四　学习模拟量输出模块FX2N-4DA的应用

知识目标

（1）认识FX2N-4DA模块。
（2）学会正确使用FX2N-4DA模块。

能力目标

（1）培养学生查阅资料、自我学习的能力。
（2）培养学生独立思考的能力。
（3）培养学生解决工程问题的能力。
（4）培养学生团队合作能力。
（5）培养学生创新意识与能力。

素质目标

培养学生安全意识、文明生产意识。

基础知识 👆

一、FX2N-4DA介绍

模拟量输出模块的作用刚好和输入模块相反，它是将数字信息转化成 0 ~ 10V 或 4 ~ 20mA 时用的。三菱FX2N-4DA模块提供了12位高精度分辨率的数字输入，有4个模拟量输出通道。FX2N-4DA模块适用于FX1N、FX2N、FX2NC等系列。

1. FX2N-4DA的功能

（1）输出的形式可为电压，也可为电流，其选择取决于接线不同。

（2）电压输出时模拟输出通道输出信号为–10 ~ 10V DC，0 ~ 5V DC；电流输出时为 4 ~ 20mA 或 0 ~ 20mA。

2. FX2N-4DA模块的性能指标（见表5-4-1）

表5-4-1　FX2N-4DA模块的性能指标

项目	输出电压	输出电流
模拟量输出范围	–10 ~ 10V直流，0 ~ 5V直流	0 ~ 20mA，4 ~ 20mA
数字输出	12位	
分辨率	5 mV	20 μA
总体精度	满量程1%	
转换速度	2.1ms/通道	
电源规格	24V/200mA	
占用I/O点数	占用8个I/O点	
适用的PLC	FX1N，FX2N，FX2NC	

二、接线与标定

1. FX2N-4DA接线（见图5-4-1）

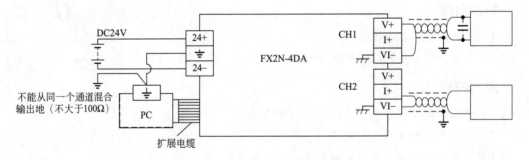

图5-4-1　FX2N-4DA接线示意图

接线说明：

（1）对于模拟输出使用双绞屏蔽电缆。电缆应远离电源线或其他可能产生电气干扰的电线。

（2）在输出电缆的负载端使用单点接地。

（3）如果输出存在电气噪声或者电压波动，可以连接一个平滑电容器（0.1 ~ 0.47μF，耐压25V）。

（4）将FX2N-4DA的接地端和可编程控制器MPU的接地端连接在一起。

（5）将电压输出端子短路或者连接电流输出负载到电压输出端子可能会损坏FX2N-4DA。

（6）不要将任何单元连接到标有"."未用端子。

2. FX2N-4DA标定

FX2N-4DA有3种输出标定，如图5-4-2所示。

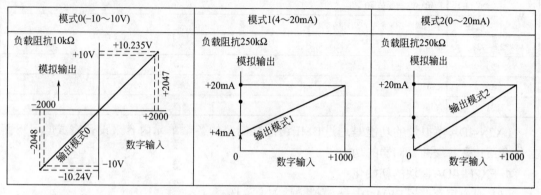

图5-4-2 FX2N-4DA标定

三、缓冲存储器BFM#功能分配

FX2N-4DA的缓冲存储器BFM由32个16位的寄存器组成，编号为BFM#0～#31。通过FROM/TO指令来对FX2N-4DA的缓冲存储器BFM进行操作。各缓冲存储器中的单元功能分配如表5-4-2所示。

表5-4-2 缓冲存储器各单元的功能

BFM		说明
#0		通道初始化，出厂值H0000
#1		CH1的输出数据（初始值：0）
#2		BFM #2：CH2的输出数据（初始值：0）
#3		CH3的输出数据（初始值：0）
#4		CH4的输出数据（初始值：0）
#5		数据保持模式
#6		保留
#7		保留
W	#8（E）	CH1，CH2的偏移/增益设定命令，初始值H0000
	#9（E）	CH3，CH4的偏移/增益设定命令，初始值H0000
	#10	偏移数据CH1*1
	#11	增益数据CH1*2
	#12	偏移数据CH2*1
	#13	增益数据CH2*2

单位：mV或μA
初始偏移值：0 输出
初始增益值：+5000模式0

续表

BFM		说明
W	#14	偏移数据CH3*1
	#15	增益数据CH3*2
	#16	偏移数据CH4*1
	#17	增益数据CH4*2
#18，#19		保留
W	#20（E）	初始化，初始值=0
	#21E	禁止调整I/O特性（初始值：1）
#22～#28		保留
#29		错误状态
#30		K3020识别码
#31		保留

FX2N-4DA模拟量的功能是通过BMF缓冲存储器的各个单元内容来设置完成的，下面具体介绍一下各缓冲存储器的功能。

1. FX2N-4DA模块的初始化

（1）通道字存储器BFM#0——模拟量输入通道选择。

模拟量输出通道的选择由BFM#0存储器的内容所决定，设置BFM#0为4位十六进制数HOOOO控制，每一位代表输出控制通道，而每一位的数字都代表输出模拟量的类型，如图5-4-3所示。图中数值O可设置成数字0、1、2和3，具体所表示的输入模拟量含义是：数字"0"表示–10～+10V DC模拟量输出；数字"1"表示4～20mA模拟量输出；数字"2"表示0～20mA模拟量输出；数字"3"表示关闭通道。通常出厂时设置为H0000，即所有均设置为通道–10～+10V DC模拟量输出。模拟量通道没有关断输出，不需要时，输出通道设置为0。

例如：试说明通道字H0201的含义，如图5-4-4所示。

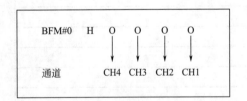

图5-4-3　模拟量输出通道类型

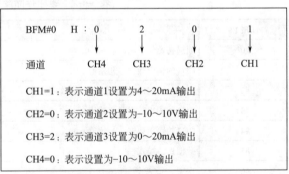

图5-4-4　通道字H0201的含义解释

（2）BFM#5数据保持字。

BFM#5是用来决定当PLC处于停止（STOP）模式时，RUN模式下的CH1、CH2、CH3、CH4的输出状态的最后值是保持输出还是回零。其值代表含义如下：

$$H \frac{O \quad O \quad O \quad O}{CH4 \ CH3 \ CH2 \ CH1}$$

O=0：保持输出

O=1：复位到偏移值

例：H0011…………CH1和CH2=偏移值　　　CH3和CH4=输出保持。

2. BFM#1 ～ BFM#4 数据输出存储器

FX2N-4DA的数据是通过写指令TO来写入的，在程序中设置写入数据缓冲存储器中的指令程序，当执行写入程序时，输出缓冲存储器接收从PLC送来的数据，并立即进行D/A转换，把数字量转换成相应的模拟量输出控制负载执行器等。

（1）BFM#1用来存放CH1的输出数字量。

（2）BFM#2用来存放CH2的输出数字量。

（3）BFM#3用来存放CH3的输出数字量。

（4）BFM#4用来存放CH4的输出数字量。

3. 错误检查缓冲存储器BFM#29

FX2N-4AD模拟量输入模块专门设置了一个缓冲存储器BFM#29来保护发生错误状态时的错误信息，供查错和保护用。其状态信息见表5-4-3。

表5-4-3　BFM#29状态信息表

位	名字	位设为"1"（打开）时的状态	位设为"0"（关闭）时的状态
b0	错误	b1 ～ b4 任何一位为ON	错误无错
b1	O/G错误	EEPROM中的偏移/增益数据不正常或者发生设置错误	偏移/增益数据正常
b2	电源错误	24 VDC 电源故障	电源正常
b3	硬件错误	D/A转换器故障或者其他硬件故障	没有硬件缺陷
b10	范围错误	数字输入或模拟输出值超出指定范围	输入或输出值在规定范围内
b12	G/O调整禁止状态	BFM #21 没有设为"1"	可调整状态（BFM #21=1）

4. 模块识别缓冲存储器BFM#30

三菱FX2N系列的特殊模块的识别码是固化在BFM#30的缓冲存储器中。FX2N -4DA的识别码为K3020，在使用时可在程序中设置一个识别码校对程序，对指令读/写模块进行确认。如果模块正确，则继续执行后续程序；如果不是，则通过显示报警，并停止执行后续程序。

5. 标定调整缓冲存储器

（1）BFM#21模块调整字。

设置BFM#21=K1，允许调整；BFM#21=K2，禁止调整。出厂值为K1。

（2）BFM#8、BFM#9通道调整字。

FX2N-4DA的调整通道字是由BFM#8和BFM#9的相应数据位决定的，如果要改变通道CH1～CH4的偏移和增益值，只有此命令输出后，当前值才会生效。其设置如图5-4-5所示。

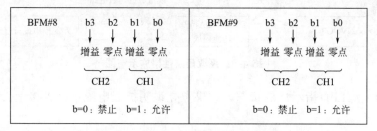

图5-4-5　BFM#8、BFM#9通道调整字

（3）BFM#10 ～ BFM#17零点与增益数据设置。

FX2N-4DA的4个通道的零点与增益调整值分别有BFM#10 ～ BFM#17共8个，缓冲存储器写入如图5-4-6所示，写入数据的单位是mV和μA。出厂值所有零点都为H000，所有增益都为H5000。

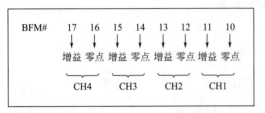

图5-4-6　FX2N-4DA零点增益数据调整

提示：

①BFM #0，#5和#21的值保存在FX2N-4DA的EEPROM中。当使用增益/偏移设定命令BFM#8，#9时，BFM #10 ～ #17的值将拷贝到FX2N-4DA的EEPROM中。同样，BFM #20会导致EEPROM的复位。因此向内部EEPROM写入新值需要一定的时间，例如：BFM #10 ～ BFM #17的指令之间大约需要3s的延迟，因此，在向BFM#10 ～ BFM#17写入之前，必须使用延迟定时器。

②EEPROM的使用寿命大约是10000次（改变），不要使用频繁修改这些BFM的程序。

6. BFM#20复位缓冲存储器

BFM#20为复位缓冲存储器，出厂值为0。当K1写入到BFM#20是出厂值时，所有的值将被初始化。

四、检查与诊断

1. 初步检查

（1）检查输入配线和／或扩展电缆是否正确连接到FX2N-4DA模拟特殊功能块上。

（2）检查有无违背FX2N配置规则。例如：特殊功能模块的数量不能超过8个，并且总的系统I/O点数不能超过256点。

（3）确保应用中选择正确的输入模式和操作范围。

（4）检查在5V或24V电源上有无过载。应注意：FX2N主单元或者有源扩展单元的负载是根据所连接的扩展模块或特殊功能模块的数目而变化的。

（5）设置FX2N主单元为RUN状态。

（6）打开或关闭模拟信号的24V DC电源后，模拟输出将起伏大约1s。这是由于MPU电源的延时或启动时刻的电压差异造成的。因此，确保采取预防性措施如图5-4-7所示，以避免输出的波动影响外部单元。

2. 错误诊断

如果特殊功能模块FX2N-4DA不能正常运行，请检查下列项目。

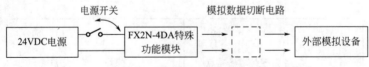

图5-4-7　采取预防性措施示意图

（1）检查电源LED指示灯的状态。如果点亮说明扩展电缆正确连接；否则应检查扩展电缆的连接情况。

（2）检查外部配线。

（3）检查"24V"LED指示灯的状态（FX2N-4DA的右上角）。

如果点亮，说明FX2N-4DA正常，24V DC电源正常；否则，可能24V DC电源故障；如果电源正常则是FX2N-4DA故障。

（4）检查"D／A"LED指示灯的状态（FX2N-4DA的右上角）。如果点亮说明D/A转换正常运行；否则，环境条件不符合FX2N-4DA或者FX2N-4DA有故障。

技能实训

一、实训目标

正确使用FX2N-4DA模拟量输出模块。

二、实训设备与器材

PLC主机FX2N-32MR、FX2N-4DA、计算机、编程电缆。

三、实训内容与步骤

下面通过具体的实例来学习一下FX2N-4DA模拟量输出模块的使用。

控制要求：

（1）FX2N-4DA的模块位置编号为1#。

（2）四个通道输出：CH1和CH2作电压输出通道（–10 ～ 10V），CH3作电流输出通道（4 ～ 20mA），CH4作电流输出通道（0 ～ 20mA）。

（3）当PLC停止时，保持输出。

根据控制要求分析可知，四个通道的输出特性设置与出厂值一致，此时标定调整程序可省略。具体操作步骤如下。

步骤一：模块识别

根据控制要求可知，模块型号是FX2N-4DA，其识别码为K3020，安装位置编号为0，其模块识别程序如图5-4-8所示。

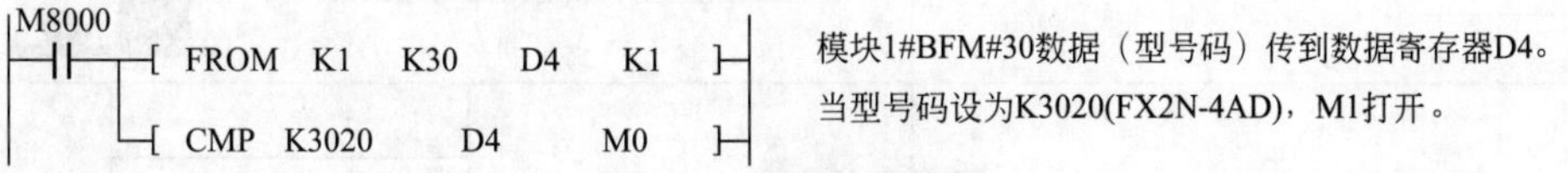

M8000
┤├──[FROM K1 K30 D4 K1]──　模块1#BFM#30数据（型号）传到数据寄存器D4。
　　└─[CMP K3020 D4 M0]──　当型号码设为K3020(FX2N-4AD)，M1打开。

图5-4-8　模块识别程序

步骤二：模拟量输出通道选择

根据控制要求分析，模拟量输出通道选择设定由BFM#0缓冲存储器内容决定。第一个通道CH1为电压输出，那么第一通道应该设置成0；第二个通道CH2为电压输出，那么第二通道应该设置成0；CH3为电流输出（4 ～ 20mA），第三通道设置成1；CH4为电流输出（0 ～ 20mA），第三通道设置成2。因此，通道字是H2100，程序如图5-4-9所示。

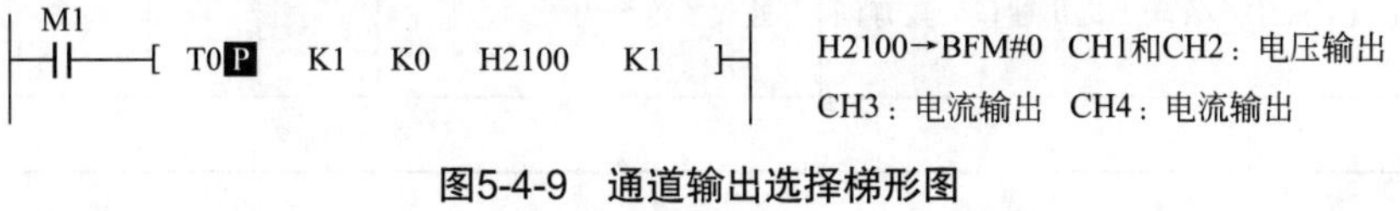

M1
┤├──[T0Ⓟ K1 K0 H2100 K1]──　H2100→BFM#0 CH1和CH2：电压输出
　　　　　　　　　　　　　　　　　　CH3：电流输出　CH4：电流输出

图5-4-9　通道输出选择梯形图

步骤三：输出保持

输出保持程序如图5-4-10所示。

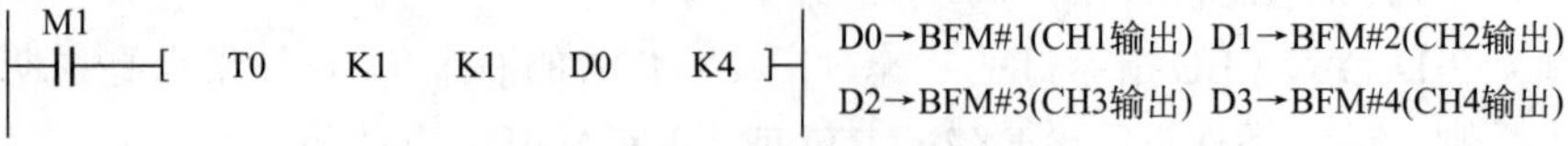

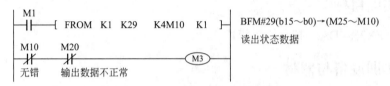

图5-4-10　通道输出保持程序

步骤四：判断转换是否输出

读BFM#29缓冲存储器中的内容，如果无错，则执行后续程序，程序如图5-4-11所示。

```
   M1
   ┤├──[ FROM  K1  K29  K4M10  K1 ]──  BFM#29(b15～b0)→(M25～M10)
                                        读出状态数据
   M10   M20
   ┤/├──┤/├──────────────────────(M3)
   无错  输出数据不正常
```

图5-4-11　判断转换是否输出程序

步骤五：合并程序

根据以上步骤所编制的程序进行合并优化，得到完整的程序如图5-4-12所示。

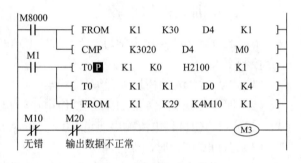

图5-4-12　完整的程序

四、总结与评价

以小组为单位，选择演示文稿、展板、海报、录像等形式中的一种或几种，向全班展示、汇报学习成果，根据表5-4-4进行总结与评价。

表5-4-4　项目评价表

班级：＿＿＿＿　小组：＿＿＿＿　姓名：＿＿＿＿		指导教师：＿＿＿＿＿＿＿＿　日期：＿＿＿＿＿＿＿＿	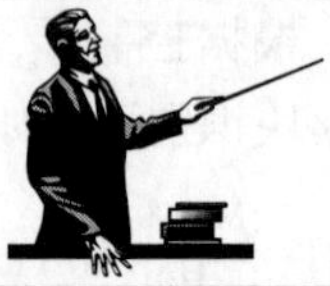				
评价项目	评价标准	评价依据	评价方式			权重	得分小计
			学生自评 20%	小组互评 30%	教师评价 50%		
职业素养	1. 遵守企业规章制度、劳动纪律 2. 按时按质完成工作任务 3. 积极主动承担工作任务，勤学好问 4. 人身安全与设备安全	1. 出勤 2. 工作态度 3. 劳动纪律 4. 团队协作精神				0.6	
创新能力	1. 在任务完成过程中能提出自己的有一定见解的方案 2. 在教学或生产管理上提出建议，具有创新性	1. 方案的可行性及意义 2. 建议的可行性				0.4	
合计							

任务五 学习温度传感器模块FX2N-4AD-PT的应用

知识目标
（1）认识模块FX2N-4AD-PT。
（2）学会正确使用模块FX2N-4AD-PT。

能力目标
（1）培养学生查阅资料、自我学习的能力。
（2）培养学生独立思考的能力。
（3）培养学生解决工程问题的能力。
（4）培养学生团队合作能力。
（5）培养学生创新意识与能力。

素质目标
培养学生安全意识、文明生产意识。

基础知识

一、FX2N-4AD-PT介绍

温度控制是模拟量控制中应用比较多的物理量控制，三菱公司为了方便温度传感器的接入，专门开发了温度传感器用模拟量输入模块FX2N-4AD-PT和FX2N-4AD-TC。它们可以直接外接热电阻和热电偶，而变送器和A/D转换均由模块自动完成。

FX2N-4AD-PT是热电阻PT100传感器输入模拟量模块，FX2N-4AD-TC是热电偶（K型、J型）传感器输入模拟量模块。下面主要介绍FX2N-4AD-PT温度模拟量模块。

1. FX2N-4AD-PT功能
（1）FX2N-4AD-PT模拟量殊模块来自4个箔温度传感器（PT100，3线，1000）的输入信号放大，并将数据转换成12位的可读数据，存储到主处理单元中。
（2）所有的数据传输和参数设置都以通过FX2N-4AD-PT的软件控制来调整。
（3）温度模块有两种温度读取：摄氏温度和华氏温度，应用时需注意。

2. FX2N-4AD-PT性能指标
FX2N-4AD-PT性能指标见表5-5-1。

表5-5-1 FX2N-4AD-PT性能指标

项目	摄氏度（℃）	华氏度（℉）
模拟量输入信号	箔温度PT100传感器（100W），3线，4通道	
传感器电流	PT100传感器100W时1mA	

续表

项目	摄氏度（℃）	华氏度（℉）
补偿范围	−100 ～ +600℃	−148 ～ +1112 ℉
数学输出	−1000 ～ +6000	−1480 ～ +11120
	12转换（11个数据位 +1个符号位）	
最小分辨率	0.2 ～ 0.3℃	0.36 ～ 0.54 ℉
整体精度	满量程的 ±1%	
转换速度	15ms	
电源	主单元提供5V/30mA 直流，外部提供24V/50mA 直流	
占用I/O 点数	占用8个点，可分配为输入或输出	
适用PLC	FX2N，FX2N，FX2NC	

二、接线与标定

FX2N-4AD-PT的接线如图5-5-1所示。

接线说明：

（1）FX2N-4AD-PT应使用PT100传感器的电缆或双绞屏蔽电缆作为模拟输入电缆，并且和电源线或其他可能产生电气干扰的电线隔开。

（2）可以采用压降补偿的方式来提高传感器的精度。如果存在电气干扰，将电缆屏蔽层与外壳地线端子（FG）连接到FX2N-4AD-PT的接地端和主单元的接地端。如可行的话，可在主单元使用3级接地。

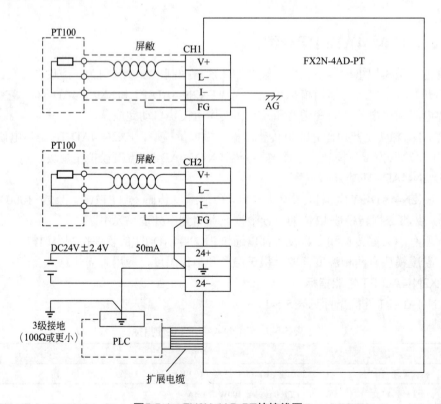

图5-5-1　FX2N-4AD-PT的接线图

（3）FX2N-4AD-PT可以使用可编程控制器的外部或内部的24V电源。

FX2N-4AD-PT有两种温度标定如图5-5-2所示，一种是摄氏温度；另一种是华氏温度，可以根据需要来选择。

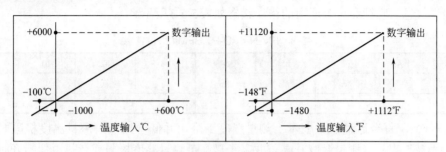

图5-5-2　FX2N-4AD-PT标定

三、缓冲存储器BFM#功能分配

FX2N-4AD-PT缓冲存储器BFM各个单元的内容设置见表5-5-2。

表5-5-2　FX2N-4AD-PT缓冲存储器单元的内容设置

BFM	内容
#1 ～ #4	将被平均的CH1 ～ CH4的平均温度可读值（1 ～ 4096）缺省值=8
#5 ～ #8	CH1 ～ CH4在0.1℃单位下的平均温度
#9 ～ #12	CH1 ～ CH4在0.1℃单位下的当前温度
#13 ～ #16	CH1 ～ CH4在0.1 ℉单位下的平均温度
#17 ～ #20	CH1 ～ CH4在0.1 ℉单位下的当前温度
#21 ～ #27	保留
#28	数字范围错误锁存
#29	错误状态
#30	识别号K2040
#31	保留

FX2N-4DA-PT模拟量的功能是通过BMF缓冲存储器的各个单元内容来设置完成的，下面具体介绍一下各缓冲存储器的功能。

1. BFM#1 ～ #4采样字

CH1 ～ CH4平均温度的采样次数被分配给BFM#1 ～ #4。采样字只有1 ～ 4096的范围是有效的，溢出的值将被忽略，默认值为8。

2. 温度读取缓冲存储器

（1）平均值温度读取缓冲存储器。

BFM #5 ～ #8为CH1 ～ CH4平均摄氏温度读取缓冲存储器。

BFM#13 ～ #16为CH1 ～ CH4平均华氏温度读取缓冲存储器。

（2）当前值温度读取缓冲存储器。

BFM#9 ～ #12为CH1 ～ CH4当前摄氏温度读出缓冲存储器。这个数值以0.1℃为单位，分辨率为0.2 ～ 0.3℃。

BFM#17 ～ #20为CH1 ～ CH4当前华氏温度缓冲存储器，分辨率为0.36 ～ 0.54 ℉。

3. BFM#28数字范围错误锁存缓冲存储器

BFM#28是数字范围错误锁存，主要功能是当测量温度值发生过高（断线）或过低时，能记录错误信息。它锁存每个通道的错误状态如表5-5-3所示。

表5-5-3　FX2N-4AD-PT BFM#28位信息

b15 ~ b8	b7	b6	b5	b4	b3	b2	b1	b0
未用	高	低	高	低	高	低	高	低
	CH4		CH3		CH2		CH1	

表5-5-3中，每个通道低位表示当测量温度下降，并低于最低可测量温度极限时，对应位为ON；"高"表示当测量温度升高，并高于最高可测量温度极限或者热电偶断开时，对应位为ON。

在测量中，如果出现错误，则在错误出现之前的温度数据被锁存。如果测量值返回到有效范围内，则温度数据返回正常运行，但错误状态仍然被锁存在BFM#28中。当错误消除后，可用TO指令向BFM#28写入K0或者关闭电源，以清除错误锁存。

4. 错误检查缓冲存储器BFM#29

FX2N-4AD-PT温度模拟量输入模块专门设置了一个缓冲存储器BFM#29来保护发生错误状态时的错误信息，供查错和保护用。其状态信息见表5-5-4。

表5-5-4　BFM#29状态信息

BFM #29 的位设备	开	关
b0：错误	如果b1 ~ b3中任何一个为ON，出错通道的A/D转换停止	无错误
b1：保留	保留	保留
b2：电源故障	24V DC 电源故障	电源正常
b3：硬件错误	A/D转换器或其他硬件故障	硬件正常
b4 ~ b9：保留	保留	保留
b10：数字范围错误	数字输出/模拟输入值超出指定范围	数字输出值正常
b11：平均错误	所选平均结果的数值超出可用范围。参考BFM #1 ~ #4	平均正常（在1 ~ 4096之间）
b12 ~ b15：保留	保留	保留

5. 模块识别缓冲存储器BFM#30

FX2N-4AD-PT的识别码为K2040，它就存放在缓冲存储器BFM#30中。在传输/接收数据之前，可以使用FROM指令读出特殊功能模块的识别码，以确认正在对此特殊功能模块进行操作。

四、检查与诊断

1. 初步检查

（1）检查输入配线和 / 或扩展电缆是否正确连接到FX2N-4AD-PT模拟量模块上。

（2）检查有无违背FX2N配置规则。例如：特殊功能模块的数量不能超过8个，并且总的系统I/O点数不能超过256点。

（3）确保应用中选择正确的输入模式和操作范围。

（4）检查在5V或24V电源上有无过载。应注意：FX2N主单元或者有源扩展单元的负载是根据所连接的扩展模块或特殊功能模块的数目而变化的。

（5）设置FX2N主单元为RUN状态。

2. 错误诊断

如果特殊功能模块FX2N-4AD-PT不能正常运行，请检查下列项目。

（1）检查电源LED指示灯的状态。如果点亮说明扩展电缆正确连接；否则应检查扩展电缆的连接情况。

（2）检查外部配线。

（3）检查"24V"LED指示灯的状态（FX2N-4AD的右上角）。

如果点亮，说明FX2N-4AD-PT正常，24V DC电源正常；否则，可能24V DC电源故障；如果电源正常则是FX2N-4AD故障。

（4）检查"A/D"LED指示灯的状态（FX2N-4AD的右上角）。如果点亮说明A/D转换正常运行；如果灯熄灭，则可能是FX2N-4AD-PT发生故障。

技能实训

一、实训目标

正确使用FX2N-4AD-PT温度模块。

二、实训设备与器材

PLC主机FX2N-32MR、FX2N-4AD-PT、计算机、编程电缆。

三、实训内容与步骤

下面通过具体实例来学习FX2N-4AD-PT温度模块的使用。

控制要求：

（1）FX2N-4AD-PT模块占用特殊模块2的位置（即紧靠可编程控制器第三个模块）。

（2）平均采样次数是4。

（3）输入通道CH1～CH4以℃表示的平均温度值分别保存在数据寄存器D0～D3中。

根据控制要求进行分析，编制其程序如图5-5-3所示。

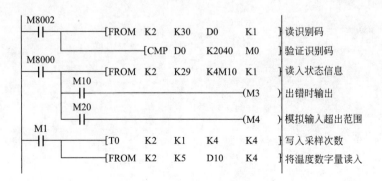

图5-5-3　梯形图程序

四、总结与评价

以小组为单位，选择演示文稿、展板、海报、录像等形式中的一种或几种，向全班展示、汇报学习成果，根据表5-5-5进行总结与评价。

表5-5-5　项目评价表

班级：＿＿＿＿＿＿ 小组：＿＿＿＿＿＿ 姓名：＿＿＿＿＿＿		指导教师：＿＿＿＿＿＿＿＿＿＿ 日期：＿＿＿＿＿＿＿＿＿＿＿＿					
评价项目	评价标准	评价依据	评价方式			权重	得分小计
			学生自评 20%	小组互评 30%	教师评价 50%		
职业素养	1. 遵守企业规章制度、劳动纪律 2. 按时按质完成工作任务 3. 积极主动承担工作任务，勤学好问 4. 人身安全与设备安全	1. 出勤 2. 工作态度 3. 劳动纪律 4. 团队协作精神				0.6	
创新能力	1. 在任务完成过程中能提出自己的有一定见解的方案 2. 在教学或生产管理上提出建议，具有创新性	1. 方案的可行性及意义 2. 建议的可行性				0.4	
合计							

项目六
PLC通信控制

知识目标

（1）认识PLC通信模块。

（2）理解PLC网络控制方式。

能力目标

（1）培养学生查阅资料、自我学习的能力。

（2）培养学生独立思考的能力。

（3）培养学生解决工程问题的能力。

（4）培养学生团队合作能力。

（5）培养学生创新意识与能力。

素质目标

培养学生安全意识、文明生产意识。

基础知识

PLC的通信是实现工厂自动化的重要途径，是通过硬件和软件来实现的。硬件上有专门的通信接口和通信模块；软件上有现成的通信功能指令和上位通信程序。PLC的通信包括PLC之间、PLC与上位计算机和其他智能设备之间的通信。三菱公司FX系列可编程控制器支持N：N网络通信、并行连接通信、计算机连接、无协议通信和可选编程端口5种类型的通信。本节主要讲解通信模块以及PLC之间的网络通信。

一、通信接口模块介绍

PLC的通信模块用来完成与别的PLC、其他智能控制设备或计算机之间的通信。下面简单介绍三菱FX系列通信用功能扩展板、适配器及通信模块。

（1）通信扩展板FX2N-228-BD，如图6-1-1所示。

FX2N-228-BD是以RS-228C传输标准连接PLC与其他设备的接口板。如个人计算机、条码阅读器或打印机等。可安装在FX2N内部，其最大传输距离为15m，最高波特率为19200bit/s，利用专用软件可实现对PLC运行状态监控，也可方便地由个人计算机向PLC传送程序。

图6-1-1 FX2N-228-BD   图6-1-2 FX2N-228IF   图6-1-3 FX2N-485-BD   图6-1-4 FX2N-422-BD

（2）通信接口模块FX2N-228IF，如图6-1-2所示。

FX2N-228IF连接到FX2N系列PLC上，可实现与其他配有RS-228C接口的设备进行全双工串行通信。例如个人计算机、打印机、条形码读出器等。在FX2N系列上最多可连接8块FX2N-228IF模块。用FROM/TO指令收发数据。最大传输距离为15m，最高波特率为19200bit /s，占用8个I/O点。数据长度、串行通信波特率等都可由特殊数据寄存器设置。

（3）通信扩展板FX2N-485-BD，如图6-1-3所示。

FX2N-485-BD用于RS-485通信方式。它可以应用于无协议的数据传送。FX2N-485-BD在原协议通信方式时，利用RS指令在个人计算机、条码阅读器、打印机之间进行数据传送。传送的最大传输距离为50m，最高波特率也为19200bit/s。每一台FX2N系列PLC可安装一块FX2N-485-BD通信板，可以实现两台FX2N系列PLC之间的并联通信。

（4）通信扩展板FX2N-422-BD，如图6-1-4所示。

FX2N-422-BD应用于RS-422通信。可连接FX2N系列的PLC上，并作为编程或控制工具的一个端口。可用此接口在PLC上连接PLC的外部设备、数据存储单元和人机界面。利用FX2N-422-BD可连接两个数据存储单元（DU）或一个DU系列单元和一个编程工具，但一次只能连接一个编程工具。每一个基本单元只能连接一个FX2N-422-BD，且不能与FX2N-485-BD或FX2N-228-BD一起使用。

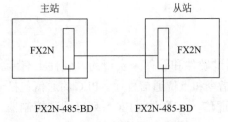

图6-1-5 PLC网络的1:1通信方式

二、PLC网络的1：1通信方式

PLC网络的1：1通信（并行连接通信）是两台PLC之间直接通信，类似于计算机通信中的"点对点通信"。如图6-1-5所示是两台FX2N主单元用两块FX2N-485-BD模块连接通信配置图。两台PLC之间通信，是利用通信参数设置主、从站通信方式。主站是对网络中其他设备发出初始化请求。从站只能响应主站的请求，不能发出初始化请求。这种通信方式，主站和从站是同时工作的，两个PLC都需要编写程序，数据的传送通过100个继电器和10个D寄存器来完成。

技能实训

一、实训目标

正确完成两台PLC之间的通信控制。

二、实训设备与器材

两台PLC主机FX2N-32MR、编程电缆、计算机。

三、实训内容与步骤

由两台FX2N PLC组成的1∶1通信系统中，控制要求如下：

（1）主站点的输入X0～X7的ON/OFF状态输出到从站点的Y0～Y7。

（2）当主站点的计算结果（D0+D2）大于100时，从站点Y10导通。

（3）从站点的M0～M7的ON/OFF状态输出到主站点的Y0～Y7。

（4）从站点中D10的值被用来设置主站点中的定时器。

四、操作步骤

1. 硬件配置

当两个FX系列的可编程控制器的主单元分别安装一块通信模块后，用单根双绞线连接即可，图6-1-6为两台FX2N主单元用两块FX2N-485-BD模块连接通信配置图。

2. 系统软件设计

PLC通信的基本思想是构建硬件连接网络，通过编写梯形图程序，读取各站点PLC的公用软元件数据即可。

（1）相关标志和数据存储器

对于FX1N /FX2N/FX2NC类可编程控制器，使用N∶N网络通信辅助继电器，其中M8038用来设置网络参数，M8183在主站点通信错误时为ON，

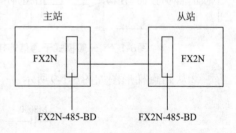

图6-1-6　1∶1通信连接图

M8184～M8190在从站点产生错误时为ON（第1个从站点M8184，第7个从站点M8190），M8191在与其他站点通信时为ON。

数据存储器D8176设置站点号，0为主站点，1～7为从站点号。D8177设定从站点的总数，设定值1为1个从站点，2为两个从站点。D8178设定刷新范围，0为模式0（默认值），1为模式1，2为模式2。D8179主站设定通信重试次数，设定值为0～10。D8180设定主站点和从站点间通信驻留时间，设定值为5～255，对应时间为50～2550ms。

在下面的通信程序中采用通信模式1，此处给出模式1情况下（FX1N /FX2N/FX2NC），各站点中的公用软元件号如表6-1-1所示。

表6-1-1　模式1情况下的公用软元件号

站点号	软元件号	
	位软元件（M）28点	字软元件（D）4点
第0号	M1000～M1028	D0～D3
第1号	M1064～M1095	D10～D13
第2号	M1128～M1159	D20～D23
第3号	M1192～M1223	D30～D33
第4号	M1256～M1287	D40～D43
第5号	M1280～M1351	D50～D53
第6号	M1384～M1415	D60～D63
第7号	M1448～M1479	D70～D73

（2）通信程序编制。

编程时设定主站和从站，应用特殊继电器在两台可编程控制器间进行自动的数据传送，很容易实现数据通信连接。主站和从站的设定由M8070和M8071设定，另外并行连接有一般和高速两种模式，由M8162的接通与断开来设定。

该配置选用一般模式（特殊辅助继电器M8162:OFF）时，主从站的设定和通信用辅助继电器和数据存储器如图6-1-7所示。

①根据控制要求主站点梯形图如图6-1-8所示。

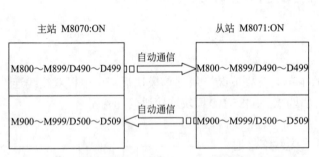

图6-1-7　一般模式下通信连接

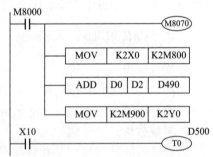

图6-1-8　1∶1通信主站点梯形图

②从站点梯形图如图6-1-9所示。

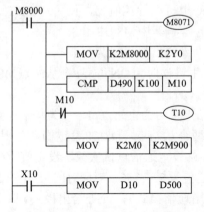

图6-1-9　1∶1通信从站点梯形图

五、总结与评价

以小组为单位，选择演示文稿、展板、海报、录像等形式中的一种或几种，向全班展示、汇报学习成果，根据表6-1-2进行总结与评价。

表6-1-2　项目评价表

班级：　　　　　小组：　　　　　姓名：		指导教师：　　　　　　　　　日期：					
评价项目	评价标准	评价依据	评价方式			权重	得分小计
			学生自评20%	小组互评30%	教师评价50%		
职业素养	1. 遵守企业规章制度、劳动纪律 2. 按时按质完成工作任务 3. 积极主动承担工作任务，勤学好问 4. 人身安全与设备安全	1. 出勤 2. 工作态度 3. 劳动纪律 4. 团队协作精神				0.6	
创新能力	1. 在任务完成过程中能提出自己的有一定见解的方案 2. 在教学或生产管理上提出建议，具有创新性	1. 方案的可行性及意义 2. 建议的可行性				0.4	
合计							

任务二　学习PLC的1∶2网络通信控制

知识目标

理解PLC的N∶N网络通信控制。

能力目标

（1）培养学生查阅资料、自我学习的能力。
（2）培养学生独立思考的能力。
（3）培养学生解决工程问题的能力。
（4）培养学生团队合作能力。
（5）培养学生创新意识与能力。

素质目标

培养学生安全意识、文明生产意识。

基础知识 👆

一、PLC的N：N网络通信

N：N通信方式又称为令牌总线通信方式，是采用令牌总线存取控制技术，在总线结构上的PLC子网上有N个站，它们地位平等没有主站与从站之分，也可以说N个站都是主站，所以称之为N：N通信方式。如图6-2-1所示是PLC的N：N网络通信系统配置。

N：N通信方式在物理总线上组成一个逻辑环，让一个令牌在逻辑环中按一定方向依次流动，获得令牌的站就取得了总线使用权，令牌总线存取控制方式限定每个站的令牌有时间，保证在令牌循环一周时每个站都有机会获得总线使用权，并提供优先级服务。取得令牌的站采用什么样的数据传送数据方式对实时性影响非常明显。如果采用无应答数据传送方式，取得令牌的站可以立即向目的站发送数据，发送结束，通信过程也就完成了。如果采用有应答数据传送方式，取得令牌的站向目的站发送完数据后并不算通信完成，必须等目的站获得令牌并把答应帧发给发送站后，整个通信过程结束。这样一来响应明显增长，而使实时性下降。

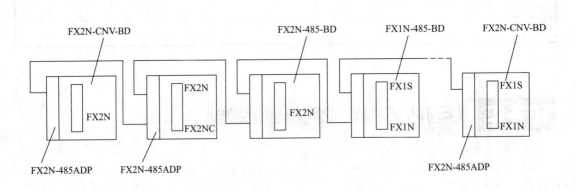

图6-2-1　N：N网络通信系统配置

二、PLC与控制设备之间通信方式

PLC与控制设备之间通信方式实际是1：N的主从总线通信方式，如图6-2-2所示。这是在PLC通信网络上采用的一种通信方式。在总线结构的PLC子网上有N个站，其中只有一个主站，其他皆是从站，把PLC作为主站，其余的设备可为从站。主站与任一从站可实现单向或双向数据传送，从站与从站之间不能互相通信，如果有从站之间的数据传送则通过主站中转。主站编写通信程序，可对从站进行读写控制，控制从站的运行和修改从站的参数，也可以读取从站参数及运行状态作为监控与显示信息显示在触摸屏或文本控制器上。从站只设定相关的通信协议参数。

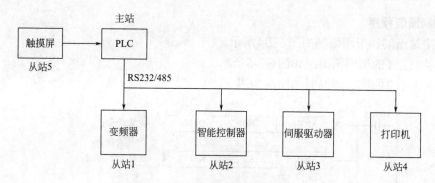

图6-2-2 1：N的主从总线通信方式

技能实训

一、实训目标

正确学会三台PLC的1：2网络通信控制。

二、实训设备与器材

三台PLC主机FX2N-32MR、编程电缆、计算机。

三、实训内容与步骤

由三台PLC相互通信系统控制要求如下：

（1）主站点的输入点X0～X3输出到从站点1和2的输出点Y10～Y13。

（2）从站点1的输入点X0～X3输出到主站和从站点2的输出点Y14～Y17。

（3）从站点2的输入点X0～X3输出到主站和从站点1的输出点Y20～Y23。

四、操作步骤

1.网络硬件配置及电路

系统硬件结构如图6-2-3所示，该系统有3个站点，其中一个主站，两个从站，每个站点的可编程控制器都连接一个FX2N-485-BD通信板，通信板之间用单根双绞线连接。刷新范围选择模式1，重试次数选择3，通信超时选50ms。

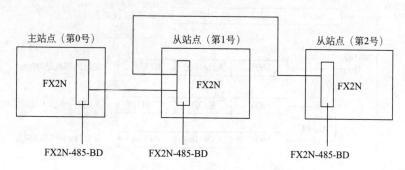

图6-2-3 1：2通信硬件连接图

2. 编制通信程序

（1）主站点的梯形图编制如图6-2-4所示。

（2）从站点1的梯形图编制如图6-2-5所示。

（3）从站点2的梯形图编制如图6-2-6所示。

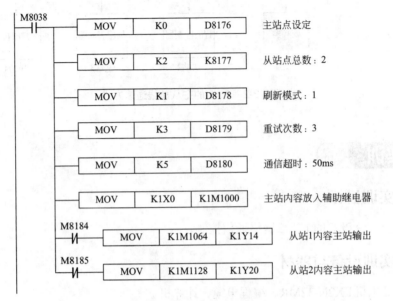

图6-2-4　主站点梯形图

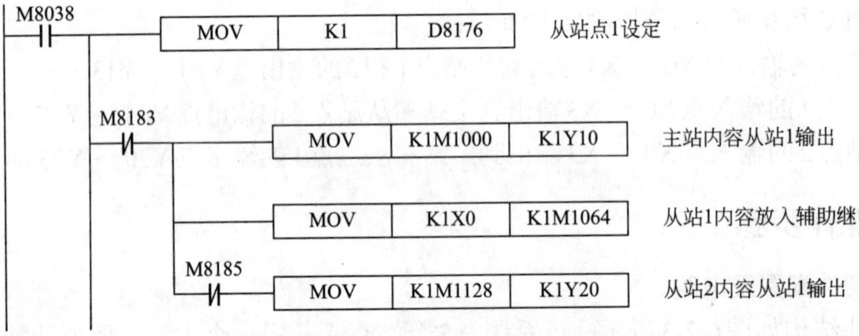

图6-2-5　从站点1梯形图

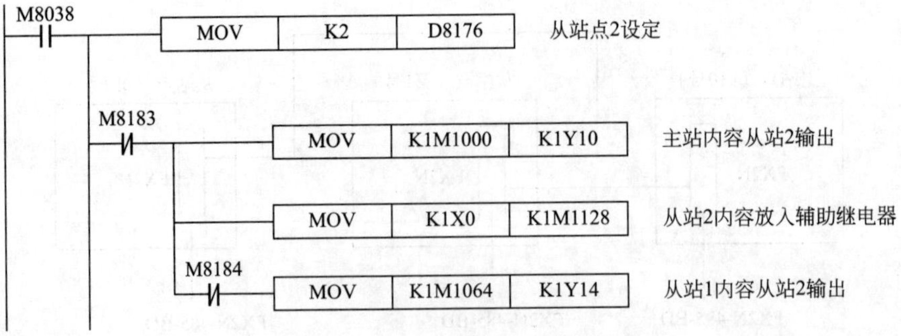

图6-2-6　从站点2梯形图

五、总结与评价

以小组为单位，选择演示文稿、展板、海报、录像等形式中的一种或几种，向全班展示、汇报学习成果，根据表6-2-1进行总结与评价。

表6-2-1　项目评价表

班级：_____ 小组：_____ 姓名：_____		指导教师：_____ 日期：_____					
评价项目	评价标准	评价依据	评价方式			权重	得分小计
			学生自评 20%	小组互评 30%	教师评价 50%		
职业素养	1. 遵守企业规章制度、劳动纪律 2. 按时按质完成工作任务 3. 积极主动承担工作任务，勤学好问 4. 人身安全与设备安全	1. 出勤 2. 工作态度 3. 劳动纪律 4. 团队协作精神				0.6	
创新能力	1. 在任务完成过程中能提出自己的有一定见解的方案 2. 在教学或生产管理上提出建议，具有创新性	1. 方案的可行性及意义 2. 建议的可行性				0.4	
合计							

项目七
常用机械设备的PLC改造

CA6140车床的PLC改造

知识目标

（1）认识CA6140车床。

（2）了解CA6140车床的控制要求。

（3）学会分析CA6140车床电气原理图。

能力目标

（1）培养学生查阅资料、自我学习的能力。

（2）培养学生独立思考的能力。

（3）培养学生解决工程问题的能力。

（4）培养学生团队合作能力。

（5）培养学生创新意识与能力。

素质目标

培养学生安全意识、文明生产意识。

基础知识

一、CA6140车床的控制要求

车床是一种应用极为广泛的金属切削机床，能够车削外圆、内圆、端面、螺纹、切断及割槽等，并可以装上钻头或铰刀进行钻孔和铰孔等加工。如图7-1-1所示是机械加工中应用较为广泛的CA6140型卧式车床，它主要由床身、主轴箱、进给箱、溜板箱、刀架、卡盘、尾架、丝杠和光杠等部分组成。

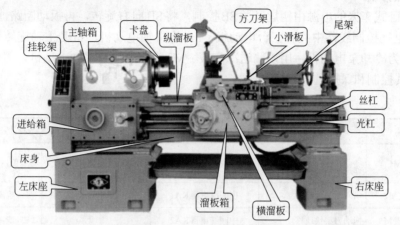

图7-1-1　CA6140型卧式车床

图7-1-2是CA6140车床的电路图，车床共有3台电动机。

（1）主轴电动机M1：带动主轴旋转和刀架作进给运动，由交流接触器KM1控制，热继电器FR1作过载保护，FU1及断路器QF作短路保护。

（2）冷却泵电动机M2：输送切削液，由交流接触器KM2控制，热继电器FR2作过载保护，FU2作短路保护。

（3）刀架快速移动电动机M3：拖动刀架的快速移动，由交流接触器KM3控制，由于刀架移动是短时工作，故用点动控制，未设过载保护，FU2兼作短路保护。

CA6140车床辅助控制有刻度照明灯、照明灯。

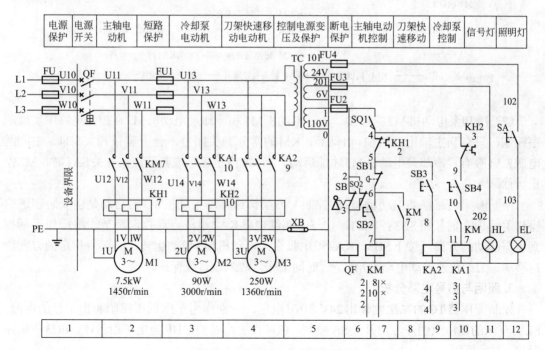

图7-1-2　CA6140车床的电路图

二、CA6140车床电气控制线路分析

1. 主电路分析

CA6140卧式车床的电源由钥匙开关SB控制,将SB向右旋转,再扳动断路器QF将三相电源引入。电气控制线路中共有三台电动机:M1为主轴电动机,带动主轴旋转和刀架作进给运动;M2为冷却泵电动机,用以输送冷却液;M3为刀架快速移动电动机,用以拖动刀架快速移动。其控制和保护见表7-1-1。

表7-1-1　主电路的控制和保护电器

名称及代号	作用	控制电器	过载保护电器	短路保护电器
主轴电动机M1	带动主轴旋转和刀架作进给运动	接触器KM	热继电器KH1	低压断路器QF
冷却泵电动机M2	供应冷却液	中间继电器KA1	热继电器KH2	熔断器FU1
快速移动电动机M3	拖动刀架快速移动	中间继电器KA2	无	熔断器FU1

2. 控制电路分析

控制电路通过控制变压器TC输出的110V交流电压供电,由熔断器FU2作短路保护。在正常工作时,行程开关SQ1的常开触头闭合。当打开床头皮带罩后,SQ1的常开触头断开,切断控制电路电源,以确保人身安全。钥匙开关SB和行程开关SQ2在车床正常工作时是断开的,QF的线圈不通电,断路器QF能合闸。当打开配电壁龛门时,SQ2闭合,QF线圈获电,断路器QF自动断开,切断车床的电源。

（1）主轴电动机M1的控制

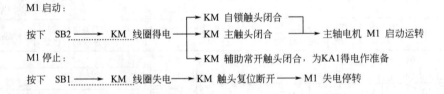

（2）冷却泵电动机M2的控制　主轴电动机M1和冷却泵电动机M2在控制电路中实现顺序控制,只有当主轴电动机M1启动后,KM的常开触头闭合,合上旋钮开关SB4,中间继电器KA1吸合,冷却泵电动机M2才能启动。当M1停止运行或断开旋钮开关SA1时,M2停止运行。

（3）刀架快速移动电动机M3的控制　刀架快速移动电动机M3的启动是由安装在进给操作手柄顶端的按钮SB3控制的,它与中间继电器KA2组成点动控制环节。将操作手柄扳到所需移动的方向,按下SB3,KA2得电吸合,电动机M3启动运转,刀架沿指定的方向快速移动。刀架快速移动电动机M3是短时间工作,故未设过载保护。

3. 照明与信号电路分析

控制变压器TC的二次侧输出24V和6V电压,分别作为车床低压照明和指示灯的电源。EL为车床的低压照明灯,由开关SA控制,FU4作短路保护;HL为电源指示灯,FU3作短路保护。

技能实训

一、实训目标

学会利用PLC改造CA6140车床的电气控制线路。

二、实训设备与器材

设备所需要的材料清单，如表7-1-2所示。

（1）选择电气元件时，要根据设备的操作任务和操作方式，确定所需元件，并考虑元件的数量、型号、额定参数和安装要求。

（2）检测元器件的质量好坏。

（3）PLC的选型要合理，在满足要求下尽量减少I/O的点数，以降低硬件的成本。

表7-1-2 材料清单

序号	分类	名称	型号规格	数量	备注
1	工具	电工工具		1套	
2		万用表	MF47型	1块	
3		可编程序控制器	FX2N-32MR	1台	
4		计算机	自定	1台	
5		三菱编程软件	GX-Developer Ver.8	1套	
6		配电盘	500mm×600mm	1块	
7		导轨	C45	2米	
8		断路器	AM2-40，20A	1只	
9		断路器	DZ47-63/2P 3A	4个	
10		断路器	DZ47-63/2P 6A	1个	
11		交流接触器	CJX1-32 线圈电压110V	1个	
12		交流接触器	CJX1-9 线圈电压110V	2个	
13	器材	热继电器	JRS1-09/25 15.4A	1个	
14		热继电器	JRS1-09/25 0.32A	1个	
15		按钮	LAY3	2个	
16		按钮	LAY3-01ZS/1	1个	
17		按钮	LA9	1个	
18		钥匙开关	LAY3-01Y/2	1个	
19		位置开关	JWM6-11	2只	
20		端子排	TB-2020	1根（20节）	
21		控制变压器	JBK3-100 380/220、110、24、6	1只	
22		信号灯	ZSD-0 6V	1只	
23		机床照明灯	JC11	1只	
24		熔断器	RT14-32 20A、6A	6只	

续表

序号	分类	名称	型号规格	数量	备注
25		铜塑线	BVR/2.5 mm²	20m	主电路
26		铜塑线	BVR/0.5 mm²	30m	控制电路
27	耗材	紧固件	螺钉（型号自定）	若干	
28		线槽	25mm×35mm	若干	
29		号码管		若干	

三、操作步骤

1. 分配 I/O 地址通道

分析控制要求，首先确定 I/O 的个数，进行 I/O 的分配。本实例需要 10 个输入点，6 个输出点，如表 7-1-3 所示。

表 7-1-3　PLC 的 I/O 配置

输入			输出		
作用	输入元件	输入点	输出点	输出元件	作用
钥匙开关	SB	X0	Y0	QF	QF 的线圈
停止 M1	SB1	X1	Y1	KM1	控制 M1
启动 M1	SB2	X2	Y2	KM2	控制 M2
启动 M3	SB3	X3	Y3	KM3	控制 M3
控制 M2	SA1	X4	Y4	HL	刻度照明
照明灯开关	SA2	X5	Y10	EL	工作照明
皮带罩防护开关	SQ1	X6			
电气箱防护开关	SQ2	X7			
M1 过载保护	FR1	X10			
M2 过载保护	FR2	X11			

2. 绘制电气接线原理图

分析控制要求，结合 I/O 地址分配，设计并绘制 PLC 系统接线原理图，如图 7-1-3 和图 7-1-4 所示。

重点提示：

（1）设计电路原理图时，应充分理解控制要求，做到原理设计合理、功能完善并符合实际设备的要求。

（2）PLC 继电器输出所驱动的负载额定电压为 110V、24V、6V。

（3）为了更加保证控制功能的合理性和可靠性，在输入硬接线时，将热继电器 FR1 和 FR2 的常开触头作为控制信号接入 PLC；在输出硬接线时，将热继电器 FR1 和 FR2 的常闭触头串接在各线圈的回路中。

3. 安装与接线

根据图 7-1-3 和图 7-1-4 所示的 PLC 控制变频器接线图，按照以下安装电路的要求在控制配线板上进行元件及线路安装。

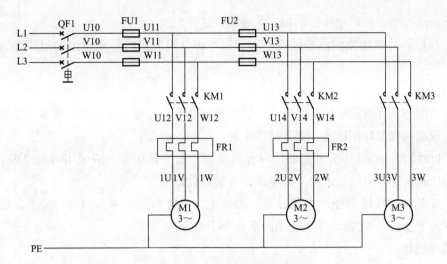

图7-1-3 PLC系统接线原理图1

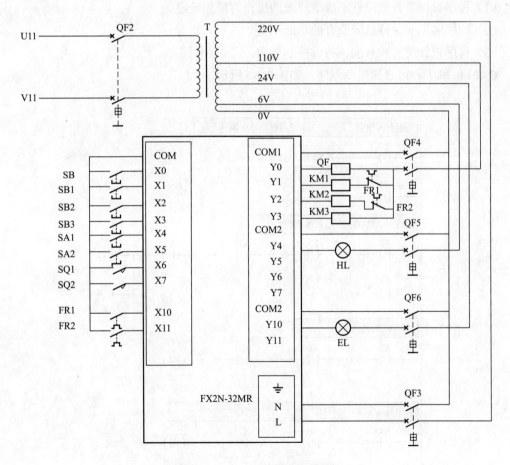

图7-1-4 PLC系统接线原理图2

（1）检查元器件。根据表7-1-2配齐元器件，检查元器件的规格是否符合要求，并用万用表检测元器件是否完好。

（2）固定元器件。检查元器件的质量好坏，并固定好所需元器件。

（3）配线安装。按照配线原则和工艺要求，进行配线安装。

（4）自检。对照接线图检查接线是否无误，再使用万用表检测电路的阻值是否与设计相符。

重点提示：

（1）将所有元件装在一块配电板上，做到布局合理、安装牢固、符合安装工艺规范。

（2）根据接线原理图配线，做到接线正确、牢固、美观。

（3）I/O线和动力线应分开走线，并保持距离。数字量信号一般采用普通电缆就可以；模拟信号线和高速信号线应采用屏蔽电缆，并做好接地要求。

（4）安装PLC应远离强干扰源，并可靠接地，最好和强电的接地装置分开，接地线的截面积应大于$2mm^2$，接地点与PLC的距离应小于50cm。

4. 程序设计

程序设计时应符合下列原则。

（1）程序设计要合理，且不改变原来的操作习惯和顺序。

（2）程序实现应保持机床原有的功能不变。

（3）程序设计简洁、易读、符合控制要求。

CA6140车床的PLC梯形图程序，如图7-1-5所示。

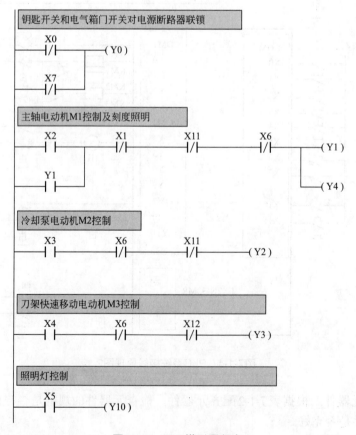

图7-1-5　PLC梯形图程序

5. 程序下载与调试

熟练操作编程软件，能正确将编制的程序输入PLC；按照被控设备的要求进行调试、修改，达到设计要求。

重点提示：

（1）通电前使用万用表检查电路的正确性，确保通电成功。

（2）调试程序先对程序进行模拟调试，对系统各种工作要求和方式都要逐一检查，不能遗漏，直到符合控制要求。

（3）现场调试中，接入实际的信号和负载时，应充分考虑各种可能的情况，做到认真、仔细、全面地完成现场调试。

（4）注意人身和设备的安全。

四、总结与评价

以小组为单位，选择演示文稿、展板、海报、录像等形式中的一种或几种，向全班展示、汇报学习成果，根据表7-1-4进行总结与评价。

表7-1-4 项目评价表

班级：_____ 小组：_____ 姓名：_____		指导教师：_____ 日期：_____					
评价项目	评价标准	评价依据	评价方式			权重	得分小计
			学生自评20%	小组互评30%	教师评价50%		
职业素养	1. 遵守企业规章制度、劳动纪律 2. 按时按质完成工作任务 3. 积极主动承担工作任务，勤学好问 4. 人身安全与设备安全	1. 出勤 2. 工作态度 3. 劳动纪律 4. 团队协作精神				0.6	
创新能力	1. 在任务完成过程中能提出自己的有一定见解的方案 2. 在教学或生产管理上提出建议，具有创新性	1. 方案的可行性及意义 2. 建议的可行性				0.4	
合计							

任务二　X62W万能铣床的PLC改造

知识目标

（1）认识X62W铣床。

（2）了解X62W铣床的控制要求。

（3）学会分析X62W铣床电气原理图。

能力目标

（1）培养学生查阅资料、自我学习的能力。
（2）培养学生独立思考的能力。
（3）培养学生解决工程问题的能力。
（4）培养学生团队合作能力。
（5）培养学生创新意识与能力。

素质目标

培养学生安全意识、文明生产意识。

基础知识

一、X62W万能铣床的控制要求

万能铣床是一种通用的多用途机床，它可以用圆柱铣刀、圆片铣刀、角度铣刀、成型铣刀及端面铣刀等刀具对各种零件进行平面、斜面、螺旋面及成形表面的加工，还可以加装万能铣头、分度头和圆工作台等机床附件来扩大加工范围。

常用的万能铣床有两种，一种是X62W型卧式万能铣床，铣头水平方向放置；另一种是X52K型立式万能铣床，铣头垂直方向放置。

X62W万能铣床主要由底座、床身、悬梁、主轴、刀杆支架、工作台、回转盘、横溜板和升降台等组成，如图7-2-1所示。其主要运动形式及控制要求如下。

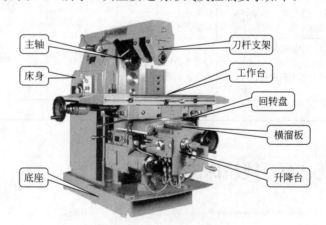

图7-2-1 X62W万能铣床外形结构

1. 主运动

X62W万能铣床的主运动是主轴带动铣刀的旋转运动。

铣削加工有顺铣和逆铣两种加工方式，所以要求主轴电动机能正反转，但考虑到大多数情况下一批或多批工件只用一个方向铣削，在加工过程中不需要变换主轴旋转的方向，因此用组合开关来控制主轴电动机的正反转。

铣削加工是一种不连续的切削加工方式，为减小振动，主轴上装有惯性轮，但这样造成主轴停车困难，为此主轴电动机采用电磁离合器制动以实现准确停车。

铣削加工过程中需要主轴调速，采用改变变速箱的齿轮传动比来实现，主轴电动机不需要调速。

2. 进给运动

进给运动是指工件随工作台在前后、左右和上下六个方向上的运动以及椭圆形工作台的旋转运动。

铣床的工作台要求有前后、左右和上下六个方向上的进给运动和快速移动，所以要求进给电动机能正反转。为扩大加工能力，在工作台上可加装圆形工作台，圆形工作台的回转运动是由进给电动机经传动机构驱动的。

为保证机床和刀具的安全，在铣削加工时，任何时刻工件都只能有一个方向的进给运动，因此采用了机械操作手柄和行程开关相配合的方式实现六个运动方向的联锁。

为防止刀具和机床的损坏，要求只有主轴旋转后才允许有进给运动和进给方向的快速移动；同时为了减小加工件的表面粗糙度，要求进给停止后主轴才能停止或同时停止。

进给变速采用机械方式实现，进给电动机不需要调速。

3. 辅助运动

辅助运动包括工作台的快速运动及主轴和进给的变速冲动。

工作台的快速运动是指工作台在前后、左右和上下六个方向之一上的快速移动。它是通过快速移动电磁离合器的吸合，改变机械传动链的传动比实现的。

为保证变速后齿轮能良好啮合，主轴和进给变速后，都要求电动机做瞬时点动，即变速冲动。

二、X62W万能铣床电气控制线路分析

X62W万能铣床的电路图如图7-2-2所示，它分为主电路、控制电路和照明电路三部分。

1. 主电路分析

主电路共有3台电动机，其控制和保护见表7-2-1。

表7-2-1 主电路的控制与保护电器

名称及代号	功能	控制电器	过载保护电器	短路保护电器
主轴电动机M1	拖动主轴带动铣刀旋转	接触器KM1和组合开关SA	热继电器KH1	熔断器FU1
进给电动机M2	拖动进给运动和快速移动	接触器KM3和KM4	热继电器KH3	熔断器FU1
冷却泵电动机M3	供应冷却液	手动开关QS2	热继电器KH2	熔断器FU1

2. 控制电路分析

控制电路的电源由控制变压器TC输出110V电压供电。

（1）主轴电动机M1的控制 为方便操作，主轴电动机M1采用两组控制方式，一组启动按钮SB1和停止按钮SB5安装在工作台上，另一组启动按钮SB2和停止按钮SB6安装在床身上。主轴电动机M1的控制包括启动控制、制动控制、换刀控制和变速冲动控制，具体见表7-2-2。

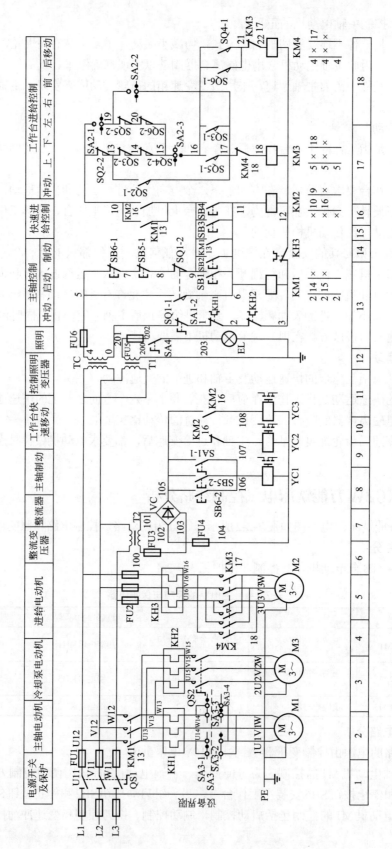

图7-2-2 X62W万能铣床的电路图

表7-2-2　主轴电动机M1的控制

控制要求	控制作用	控制过程
启动控制	启动主轴电动机M1	选择好主轴的转速和转向，按下启动按钮SB1或SB2，接触器KM1得电吸合并自锁，M1启动运转，同时KM1的辅助常开触头（9～10）闭合，为工作台进给电路提供电源
制动控制	停车时使主轴迅速停转	按下停止按钮SB5（或SB6），其常闭触头SB5-1或SB6-1（13区）断开，接触器KM1线圈断电，KM1的主触头分断，电动机M1断电作惯性运转；常开触头SB5-2或SB6-2（8区）闭合，电磁离合器YC1通电，M1制动停转
换刀控制	更换铣刀时将主轴制动，以方便换刀	将转换开关SA1扳向换刀位置，其常开触头SA1-1（8区）闭合，电磁离合器YC1得电将主轴制动；同时常闭触头SA1-2（13区）断开，切断控制电路，铣床不能通电运转，确保人身安全
变速冲动控制	保证变速后齿轮能良好啮合	变速时先将变速手柄向下压并向外拉出，转动变速盘选定所需转速后，将手柄推回。此时冲动开关SQ1（13区）短时受压，主轴电动机M1点动，手柄推回原位后，SQ1复位，M1断电，变速冲动结束

（2）进给电动机M2的控制　铣床的工作台要求有前后、左右和上下六个方向上的进给运动和快速移动，并且可在工作台上安装附件圆形工作台，进行对圆弧或凸轮的铣削加工。这些运动都是由进给电动机M2拖动。

①工作台前后、左右和上下六个方向上的进给运动　工作台的前后和上下进给运动由一个手柄控制，左右进给运动由另一个手柄控制。手柄位置与工作台运动方向的关系见表7-2-3。

表7-2-3　控制手柄的位置与工作台运动方向的关系

控制手柄	手柄位置	行程开关动作	接触器动作	电动机M2转向	传动链搭合丝杠	工作台运动方向
左右进给手柄	左	SQ5	KM3	正转	左右进给丝杠	向左
	中	—	—	停止	—	停止
	右	SQ6	KM4	反转	左右进给丝杠	向右
上下和前后进给手柄	上	SQ4	KM4	反转	上下进给丝杠	向上
	下	SQ3	KM3	正转	上下进给丝杠	向下
	中	—	—	停止	—	停止
	前	SQ3	KM3	正转	前后进给丝杠	向前
	后	SQ4	KM4	反转	前后进给丝杠	向后

下面以工作台的左右移动为例分析工作台的进给。左右进给操作手柄与行程开关SQ5和SQ6联动，有左、中、右三个位置。当手柄扳向中间位置时，行程开关SQ5和SQ6均未被压合，进给控制电路处于断开状态；当手柄扳向左（或右）位置时，如图7-2-3所示，手柄压下行程开关SQ5（或SQ6），同时将电动机的传动链和左右移动丝杠相连。控制过程如下：

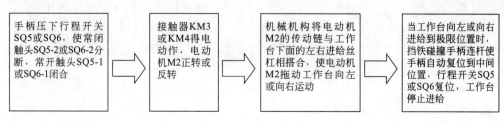

手柄压下行程开关SQ5或SQ6，使常闭触头SQ5-2或SQ6-2分断，常开触头SQ5-1或SQ6-1闭合　⟹　接触器KM3或KM4得电动作，电动机M2正转或反转　⟹　机械机构将电动机M2的传动链与工作台下面的左右进给丝杠相搭合，使电动机M2拖动工作台向左或向右运动　⟹　当工作台向左或向右进给到极限位置时，挡铁碰撞手柄连杆使手柄自动复位到中间位置，行程开关SQ5或SQ6复位，工作台停止进给

工作台的上下和前后进给由上下和前后进给手柄控制，如图7-2-4所示，其控制过程与左右进给相似，这里不再一一分析。通过以上分析可见，两个操作手柄被置定于某一方向后，只能压下四个行程开关SQ3、SQ4、SQ5、SQ6中的一个开关，接通电动机M2正转或反转电路，同时通过机械机构将电动机的传动链与三根丝杠（左右丝杠、上下丝杠、前后丝杠）中的一根（只能是一根）丝杠相搭合，拖动工作台沿选定的进给方向运动，而不会沿其他方向运动。

图7-2-3　左右进给

图7-2-4　上下与前后进给手柄

②左右进给与上下前后进给的联锁控制　在控制进给的两个手柄中，当其中的一个操作手柄被置定在某一进给方向后，另一个操作手柄必须置于中间位置，否则将无法实现任何进给运动。这是因为在控制电路中对两者实行了联锁保护。如当把左右进给手柄扳向左时，若又将另一个进给手柄扳到向下进给方向，则行程开关SQ5和SQ3均被压下，触头SQ5-2和SQ3-2均分断，断开了接触器KM3和KM4的通路，电动机M2只能停转，保证了操作安全。

③进给变速时的瞬时点动　和主轴变速时一样，进给变速时，为使齿轮进入良好的啮合状态，也要进行变速后的瞬时点动。进给变速时，必须先把进给操纵手柄放在中间位置，然后将进给变速盘（在升降台前面）向外拉出，选择好速度后，再将变速盘推进去。如图7-2-5所示，在推进的过程中，挡块压下行程开关SQ2，使触头SQ2-2分断，SQ2-1闭合，接触器KM3经$10 \rightarrow 19 \rightarrow 20 \rightarrow 15 \rightarrow 14 \rightarrow 13 \rightarrow 17 \rightarrow 18$路径得电动作，电动机M2启动；但随着变速盘复位，行程开关SQ2跟着

图7-2-5　进给变速冲动

复位，使KM3断电释放，M2失电停转。这样使电动机M2瞬时点动一下，齿轮系统产生一次抖动，齿轮便顺利啮合了。

④工作台的快速移动控制　快速移动是通过两个进给操作手柄和快速移动按钮SB3或SB4配合实现的。控制过程如下：

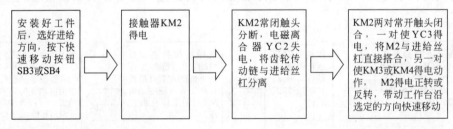

松开SB3或SB4，快速移动停止。

⑤圆形工作台的控制　圆形工作台的工作由转换开关SA2控制。当需要圆工作台旋转时，将开关SA2扳到接通位置，此时：

SA2置于圆工作台
- 触头SA2-1断开
- 触头SA2-3断开
- 触头SA2-2闭合 → 电流经10→13→14→15→20→19→17→18路径，使接触器KM3得电
  → 电动机M2启动，通过一根专用轴带动圆形工作台作旋转运动

当不需要圆形工作台旋转时，转换开关SA2扳到断开位置，这时触头SA2-1和SA2-3闭合，触头SA2-2断开，工作台在六个方向上正常进给，圆工作台不能工作。

圆工作台开动时其余进给一律不准运动。两个进给手柄必须置于零位。若出现误操作，扳动两个进给手柄中的任意一个，则必然压合行程开关SQ3～SQ6中的一个，使电动机停止转动。圆工作台加工不需要调速，也不要求正反转。

（3）冷却泵及照明电路的控制　主轴电动机M1和冷却泵电动机M3采用的是顺序控制，即只有在主轴电动机M1启动后冷却泵电动机M3才能启动。冷却泵电动机M3由组合开关QS2控制。

机床照明由变压器T1供给24V的安全电压，由开关SA4控制。熔断器FU5作照明电路的短路保护。

技能实训

一、实训目标

学会用PLC改造X62W铣床的电气控制线路。

二、实训设备与器材

设备所需要的材料清单，如表7-2-4所示。

（1）选择电气元件时，要根据设备的操作任务和操作方式，确定所需元件，并考虑元件的数量、型号、额定参数和安装要求。

（2）检测元器件的质量好坏。

（3）PLC的选型要合理，在满足要求下尽量减少I/O的点数，以降低硬件的成本。

表7-2-4　材料清单

序号	分类	名称	型号规格	数量	备注
1	工具	电工工具		1套	
2		万用表	MF47型	1块	
3		可编程控制器	FX2N-32MR	1台	
4	器材	计算机	自定	1台	
5		三菱编程软件	GX-Developer Ver.8	1套	
6		配电盘	600mm×800mm	1块	
7		导轨	C45	3m	

续表

序号	分类	名称	型号规格	数量	备注
8		组合开关	HZ10-60/3	1只	
9		组合开关	HZ10-10/3	1个	
10		组合开关	HZ3-133	1只	
11		断路器	DZ47-63/2P 5A	5个	
12		交流接触器	CJX1-25 线圈电压110V	1个	
13		交流接触器	CJX1-9 线圈电压110V	4个	
14		热继电器	JRS1-09/25 16A	1个	
15		热继电器	JRS1-09/25 3.4A	1个	
16		热继电器	JRS1-09/25 0.43A	1个	
17		按钮	LA2-11	6个	
18	器材	换刀开关	LS2-3A	1个	
19		电磁离合器	B1DL-Ⅲ	1个	
20		电磁离合器	B1DL-Ⅱ	2个	
21		行程开关	LX3-11K	4只	
22		行程开关	LX3-131	2只	
23		熔断器	RL1-60/50A	3只	
24		熔断器	RL1-15/10A	3只	
25		端子排	TB-2020	3根（60节）	
26		控制变压器	JBK3-150 380/220、110、24、6	1	
27		信号灯	XD1 6V	2只	
28		机床照明灯	JC11	1只	
29		铜塑线	BVR/4 mm^2	30m	主电路
30		铜塑线	BVR/2.5 mm^2	30m	主电路
31	耗材	铜塑线	BVR/0.5 mm^2	40m	控制电路
32		紧固件	螺钉（型号自定）	若干	
33		线槽	25mm×35mm	若干	
34		号码管		若干	

三、操作步骤

1. 分析控制要求

首先确定I/O的个数，进行I/O的分配。本实例需要15个输入点，7个输出点，如表7-2-5所示。

表7-2-5　I/O分配表

输　入			输　出		
作用	输入元件	输入点	输出点	输出元件	作用
主轴电动机M1启动	SB1、SB2	X0	Y0	KM1	控制主轴M1启停
快速进给点动	SB3、SB4	X1	Y1	KM2	控制进给M2正转
主轴电动机M1停止、制动	SB5、SB6	X2	Y2	KM3	控制进给M2反转
换刀开关	SA1	X3	Y4	YC1	主轴M1制动控制
圆形工作台开关	SA2	X4	Y5	YC2	M2正常进给
主轴冲动开关	SQ1	X5	Y6	YC3	M2快速进给
进给冲动开关	SQ2	X6	Y10	EL	工作照明灯
M2正反转及联锁	SQ3	X7			
M2正反转及联锁	SQ4	X10			
M2正反转及联锁	SQ5	X11			
M2正反转及联锁	SQ6	X12			
M1过载保护	FR1	X13			
M2过载保护	FR2	X14			
M3过载保护	FR3	X15			
工作照明灯开关	SA3	X16			

2. 设计并绘制PLC系统接线原理图

根据控制要求分析，设计并绘制PLC系统接线原理图，如图7-2-6所示。
重点提示同上实例。

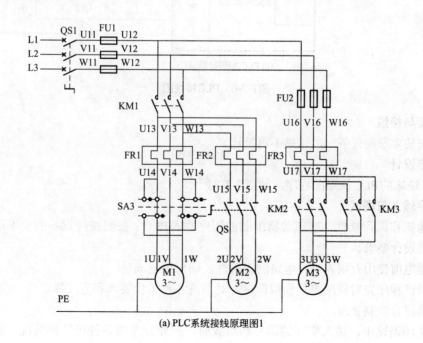

(a) PLC系统接线原理图1

图7-2-6

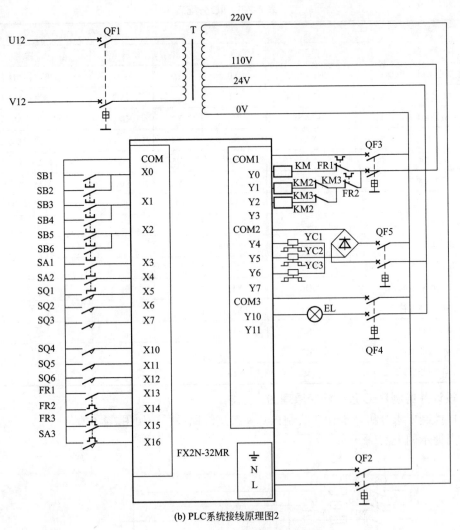

(b) PLC系统接线原理图2

图7-2-6　PLC接线图

3. 安装与接线

具体安装要求同任务一，这里不再赘述。

4. 程序设计

X62W铣床的PLC梯形图程序，如图7-2-7所示。

5. 程序输入与调试

熟练地操作编程软件，能正确将编制的程序输入PLC；按照被控设备的要求进行调试、修改，达到设计要求。

（1）通电前使用万用表检查电路的正确性，确保通电成功。

（2）调试程序先对程序进行模拟调试，对系统各种工作要求和方式都要逐一检查，不能遗漏，直到符合控制要求。

（3）现场调试中，接入实际的信号和负载时，应充分考虑各种可能的情况，做到认真、仔细、全面地完成现场调试。

（4）注意人身和设备的安全。

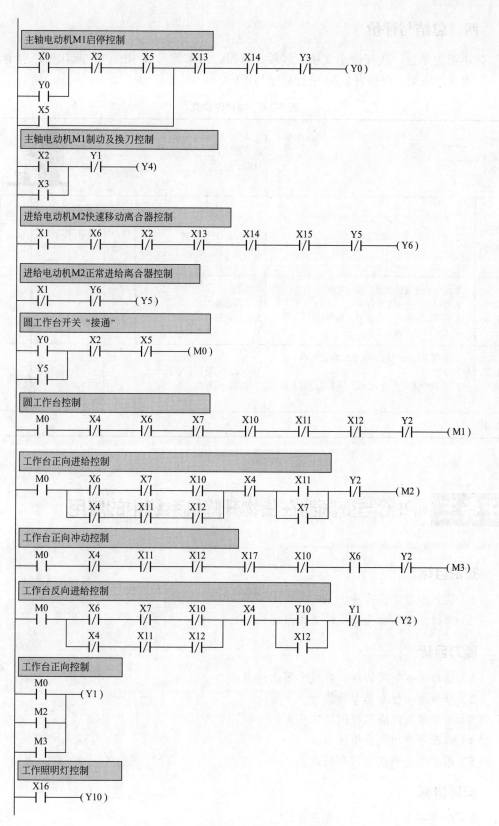

图7-2-7 X62W铣床的PLC梯形图程序

四、总结与评价

以小组为单位，选择演示文稿、展板、海报、录像等形式中的一种或几种，向全班展示、汇报学习成果，根据表7-2-6进行总结与评价。

表7-2-6 项目评价表

班级：_____ 小组：_____ 姓名：_____		指导教师：_____ 日期：_____					
评价项目	评价标准	评价依据	评价方式			权重	得分小计
			学生自评 20%	小组互评 30%	教师评价 50%		
职业素养	1. 遵守企业规章制度、劳动纪律 2. 按时按质完成工作任务 3. 积极主动承担工作任务，勤学好问 4. 人身安全与设备安全	1. 出勤 2. 工作态度 3. 劳动纪律 4. 团队协作精神				0.6	
创新能力	1. 在任务完成过程中能提出自己的有一定见解的方案 2. 在教学或生产管理上提出建议，具有创新性	1. 方案的可行性及意义 2. 建议的可行性				0.4	
合计							

任务三 PLC与变频器在货物升降机系统中的应用

知识目标

（1）认识小型货物升降机。
（2）理解小型货物升降机的工作原理。

能力目标

（1）培养学生查阅资料、自我学习的能力。
（2）培养学生独立思考的能力。
（3）培养学生解决工程问题的能力。
（4）培养学生团队合作能力。
（5）培养学生创新意识与能力。

素质目标

培养学生安全意识、文明生产意识。

基础知识 🖐

货物升降机的基本结构及控制要求

1. 小型货物升降机的基本结构

升降机的升降过程是利用电动机正反转卷绕钢丝绳带动吊笼上下运动来实现的。一般由电动机、滑轮、钢丝绳、吊笼以及各种主令电器等组成，其基本结构如图7-3-1所示。

SQ1 ~ SQ4 可以是行程开关，也可以是接近开关，用于位置检测，起限位作用。

2. 小型货物升降机系统控制要求

吊笼在升降过程是一个多段速控制过程，要求有一个由慢到快，再由快到慢的过程，即启动时缓慢升速，达到一定速度后快速运行，当接近终点时，先减速再缓慢停车，因此，升降过程划分为三个行程区间，各区间段的升降速度如图7-3-2所示。

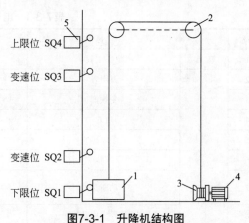

图7-3-1 升降机结构图

1—吊笼；2—滑轮；3—卷筒；4—电动机；
5—SQ1~SQ4 限位开关

（1）上升运行 当升降机的吊笼位于下限位SQ1处时，按下提升启动按钮SB2，吊笼以较低的第一速度（10Hz）平稳启动，当运行到预定位置SQ2时，以第二速度（30Hz）快速运行，等到达预定位置SQ3时，升降机开始降速，以第一速度（10Hz）运行，直到碰到上限开关SQ4处实现平稳停车。

（2）下降运行 当升降机的吊笼位于上限位SQ4处时，按下下降按钮SB3，吊笼以较低的第一速度（10Hz）平稳缓慢下降运行，当下降到预定位置SQ3时，以第二速度（30Hz）快速下降运行，等到达预定位置SQ2时，升降机开始降速，以第一速度（10Hz）下降运行，直到碰到下限开关SQ1处实现平稳停车。

（3）急停状态 当升降机在运行过程中，发生紧急情况时，可按下急停按钮SB1，升降机会停留在任意位置。

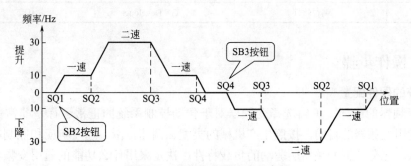

图7-3-2 升降机升降速度示意图

技能实训

一、实训目标

学会利用PLC和变频器对小型升降机的电气控制系统进行改造。

二、实训设备与器材

常用的工具和材料准备如表7-3-1所示。

表7-3-1　电气元件及材料

序号	分类	名称	型号规格	数量	备注
1	工具	电工工具		1套	
2	器材	万用表	MF47型或自定	1块	
3		变频器	A740，7.5kW	1台	
4		PLC	FX2N-32MR	1台	
5		配电盘	500mm×600mm	1块	
6		导轨	C45	1m	
7		自动断路器	DZ47-63/3P D40 DZ47-63/2P D10	各1只	
8		三相异步电动机	型号自定	1台	
9		熔断器	RT18　10A	2只	
10		制动电阻	75Ω，780W	1只	
11		控制变压器	100V·A，380V/220V	1只	
12		指示灯	型号自定	2只	
13		按钮	型号自定	2只	
14		急停按钮	型号自定	1只	
15		限位开关	型号自定	4只	
16		端子排	D-10 30A/10A	各2根	
17		铜塑线	BVR1.5/2.5 mm^2	若干	
18		紧固件	螺钉（型号自定）	若干	
19		线槽	25mm×35mm	若干	
20		号码管		若干	
21		计算机	自定	1台	
22		编程软件	GX Developer	1套	

三、操作步骤

1. 系统的硬件配置

（1）变频器的选择　正确选择变频器对于传动控制系统的正常运行是非常关键的，首先要明确使用变频器的目的，按照生产机械的类型、调速范围、速度响应和控制精度、启动转矩等要求，充分了解变频器所驱动的负载特性，决定采用什么功能的通用变频器构成控制系统，然后决定选用哪种控制方式最合适。所选用的通用变频器应是既要满足生产工艺的要求，又要在技术经济指标上合理。

本实例从使用稳定性和经济性等因素考虑，选用三菱A740、7.5kW，外加制动电阻。

（2）PlC的选择　PLC的选择主要依据系统所需的控制点数及PLC的指令功能是否能满足系统控制要求，以及考虑稳定性、经济性等因素。

本例可根据控制系统原理图中PLC的I/O点数及其他综合性能，选择三菱FX2N-32MR系列可编程控制器。

（3）制动电阻的选择　本实例属于位能负载，在负载下放时，异步电动机将处于再生发电制动状态，实现快速停车或准确停车；在位能负载下放时，电动机制动较快时，直流回路储能电容器的电压会上升很高，过高的电压会使变频器中的"制动过电压保护"动作，甚至造成变频器损坏。因此，需要选择外接制动电阻来耗散电动机再生的这部分能量。

①制动电阻值的确定

目前，确定制动电阻值的方法有很多种，从工程角度来说的精确计算法在实际计算中常常会感到困难，主要原因就是部分参数无法确定。目前常用的方法就是估算法，实践证明，当放电电流等于电动机额定电流的一半时，就可以得到与电动机的额定转矩相同的制动转矩了，因此制动电阻值的取值范围为：

$$\frac{U_D}{I_{MN}} < R \leqslant \frac{2U_D}{I_{MN}}$$

式中，U_D 是制动电压准位；I_{MN} 是电动机的额定电流。

②制动电阻容量的确定　在实际拖动系统中进行制动时间比较短，在短时间内，制动电阻的温升不足以达到稳定温升。因此，决定制动电阻容量的原则是，在制动电阻的温升不超过其允许数值（即额定温升）的前提下，应尽量减小容量，粗略算法如下：

$$P_B = \lambda \times P \times ED\% = \lambda \times \frac{U_D^2}{R} \times ED\%$$

式中，$\lambda = 1 - \frac{|R - R_B|}{R_B}$，是变频器降额使用系数；$ED\%$ 是刹车使用率；R 是实际选用的电阻阻值。

通常，在变频器的使用手册当中都有制动电阻的选配表，可在选用时参考。例如：三菱FR-A740小功率变频器制动电阻的选配见表7-3-2。

表7-3-2　小功率变频器制动电阻的选配表

变频器电压等级	变频器功率 / kW	制动电阻值 / Ω	制动电阻功率 / W
220V 系列	0.75	200	120
	1.5	100	300
	2.2	70	300
	3.7	40	300
	5.5	30	500

续表

变频器电压等级	变频器功率 / kW	制动电阻值 / Ω	制动电阻功率 / W
380V 系列	0.75	750	120
	1.5	400	300
	2.2	250	300
	3.7	150	500
	5.5	100	500
	7.5	75	780
	11	50	1200
	15	40	1560

图7-3-3　波纹电阻

本实例选用的制动电阻为波纹电阻，如图7-3-3所示，阻值为75Ω，功率780W。

2. 分配I/O地址通道

分析控制要求，首先确定I/O的个数，进行I/O的分配。本实例需要7个输入点，6个输出点，如表7-3-3所示。

表7-3-3　I/O分配表

输　　入			输　　出		
作用	输入元件	输入点	输出点	输出元件	作用
急停按钮	SB1	X0	Y0		接变频器端子5、正转
上升按钮	SB2	X1	Y1		接变频器端子6、反转
下降按钮	SB3	X2	Y2		接变频器端子7、段速1
下限位	SQ1	X3	Y3		接变频器端子8、段速2
一速	SQ2	X4	Y4		上升指示、HL1
二速	SQ3	X5	Y5		下降指示、HL2
上限位	SQ4	X6			

3. 设计并绘制电气原理接线图

升降机自动控制系统主要由三菱FX2N-32MR系列可编程控制器、三菱FR-A740变频器和三相笼式异步电动机组成，控制系统电气原理如图7-3-4所示。由于升降机在下降过程中会发生回馈制动，因此变频器外接制动电阻。图中QF为断路器，具有隔离、过电流、欠电压等保护作用。急停按钮SB1、上升按钮SB2、下降按钮SB3根据操作方便可安装在底部和顶部，或者两地都安装，操作时，只需按下SB2或SB3，系统就可自动实现程序控制。

对于系统所要求的提升和下降，以及由限位开关获取吊笼运行的位置信息，通过PLC内部程序的处理后，在Y0、Y1、Y2、Y3端输出相应的"0"、"1"信号来控制变频器输入端子的端子状态，使变频器及时按图7-3-2所示输出相应的频率，从而控制升降机的运行特性。当PLC输出端Y2的状态为"1"，Y0状态为1时，变频器输出一速频率，升降机以10Hz对应的转速上升。当Y2、Y3的状态为"01"时，继续保持Y0接通，变频器输出二速频率，升降机以30Hz对应的转速上升；当PLC输出端Y2的状态为"1"，Y1状态为1时，变频器升降机以10Hz对应的转速下降。当Y2、Y3的状态为"10"时，继续保持Y1接通，变频器输出二速频率，升降机以30Hz对应的转速下降。

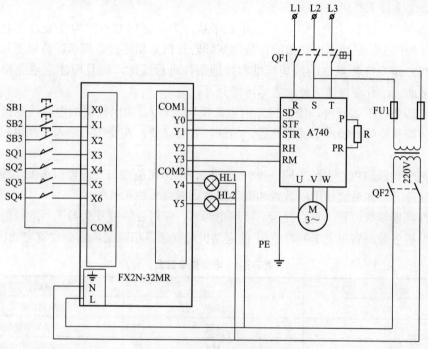

图7-3-4 控制系统电气原理图

4. PLC程序设计

编制顺序功能图如图7-3-5所示。

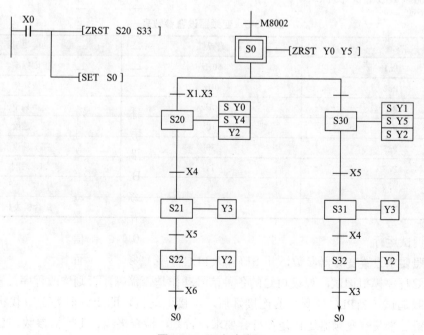

图7-3-5 顺序功能图

5. 系统的安装与调试

（1）变频器、PLC的安装与配线　根据原理图、变频器和PLC使用手册，进行安装与配线，并符合工艺技术要求。

变频器在实际运行中会产生较强的电磁干扰，为保证PLC不因为变频器主电路断路器及开关器件等产生的噪声而出现故障，故将变频器与PLC相连接时应该注意以下几点：

①对PLC本身应按规定的接线标准和接地条件进行接地，而且应注意避免和变频器使用共同的接地线，且在接地时使二者尽可能分开。

②当电源条件不太好时，应在PLC的电源模块及输入/输出模块的电源线上接入噪声滤波器、电抗器和能降低噪声用的器件等，另外，若有必要，在变频器输入一侧也应采取相应的措施。

③当把变频器和PLC安装于同一操作柜中时，应尽可能使与变频器有关的电线和与PLC有关的电线分开，并通过使用屏蔽线和双绞线达到提高噪声干扰的水平。

（2）变频器参数设置　重点提示：接通电源后，先进行恢复变频器工厂默认值。

①电动机参数设置见表7-3-4。为了使电动机与变频器相匹配，需要设置电动机参数。

表7-3-4　电动机参数表

参数号	设定值	功能说明
Pr.80	15kW	电动机容量
Pr.81	4极	电动机磁极数
Pr.82	15A	电动机励磁电流
Pr.83	380V	电动机额定电压
Pr.84	50Hz	电动机额定频率
Pr.9	15A	电动机额定电流

②控制参数设置见表7-3-5。

表7-3-5　变频器设置参数表

参数号	设置值	功能说明
Pr.1	50Hz	上限频率
Pr.2	0Hz	下限频率
Pr.3	50Hz	基本频率
Pr.4	10	第一速度
Pr.5	30	第二速度
Pr.7	1s	加速时间
Pr.8	1s	减速时间
Pr.79	3	组合模式1

（3）调试运行

①按照要求设置变频器参数，并正确输入PLC程序。

②PLC程序模拟调试，观察PLC的各种信号动作是否正确。否则修改程序，直到正确。

③空载调试。当PLC与变频器连接好后，不接电动机，即变频器处于空载状态。通过模拟各种信号来观察变频器运行是否符合要求，否则，检查接线、变频器参数、PLC程序等，直到变频器按要求运行。

④现场调试。正确连接好全部设备，进行现场系统调试。当吊笼在底部位置，且SQ1常开触点闭合时，按下SB2，电动机以一速缓慢上升，到达SQ2、SQ3位置时，依此以快速、慢速上升。下降时与此类似，当遇到紧急情况时，按下SB1，升降机会停在任意位置。

四、总结与评价

以小组为单位，选择演示文稿、展板、海报、录像等形式中的一种或几种，向全班展示、汇报学习成果，根据表7-3-6进行总结与评价。

表7-3-6　　项目评价表

班级：＿＿＿ 小组：＿＿＿ 姓名：＿＿＿			指导教师：＿＿＿＿＿＿ 日期：＿＿＿＿＿＿					
评价项目	评价标准		评价依据	评价方式			权重	得分小计
				学生自评 20%	小组互评 30%	教师评价 50%		
职业素养	1. 遵守企业规章制度、劳动纪律 2. 按时按质完成工作任务 3. 积极主动承担工作任务，勤学好问 4. 人身安全与设备安全		1. 出勤 2. 工作态度 3. 劳动纪律 4. 团队协作精神				0.6	
创新能力	1. 在任务完成过程中能提出自己的有一定见解的方案 2. 在教学或生产管理上提出建议，具有创新性		1. 方案的可行性及意义 2. 建议的可行性				0.4	
合计								

参考文献

[1] 三菱FX2N编程手册

[2] 三菱FX2N通信手册

[3]李长军主编.PLC技术一学就会.北京：电子工业出版社，2012.

[4] 李敬梅主编.电力拖动控制线路与技能训练.第4版.北京：中国劳动社会保障出版社，2007.